動物が教えてくれるLOVE戦略

モテ親父になろう!

竹内久美子
Kumiko Takeuchi

ビジネス社

はじめに

もしあなたがツバメのオスであったなら、随分不幸な目にあわなくてはならないかもしれない。尾羽の長さですべてが決まるからだ。

尾羽とは、一番外側にひときわ長く、太く伸びている、まるで針金のような部分だ。この尾羽が長いオスが、繁殖期には早々に相手が見つかる。そして浮気の際には長い尾羽はもっと効力を発揮する。

ツバメの世界では尾羽の長さが決定的である。それに対抗する戦略というものがない。

これがサケのオスとなると、大分事情が違ってくる。サケのオスには体が大きく、上あごの先が曲がっている「カギバナ」と、体が小さい「ジャック」と呼ばれるオスがいる。サケのオスが縄張りを構え、メスも確保している。メスが産卵するや否や、今までどこに隠れていたのだろうかと思うほどの数の小さいオスが現れ、精子をひっかけていく。

この縄張りを構えるオスがカギバナで、隠れていて精子だけひっかけるのがジャックだ。

一見したところジャックはみじめなオスである。しかし繁殖において何らカギバナの後塵《こうじん》を拝することはないのだ。

これは尾羽の長さのみによってモテ方が決まるツバメからすると、うらやましい限りの選択肢の広がりだろう。しかもジャックのほうが優秀なオスであることが最近わかってきた。この件については本文で詳しく説明する。

さらに繁殖戦略が3つあり、それらが三つ巴《どもえ》の様相を呈しているトカゲもいる。この件も本文で説明する。

となると人間でも繁殖戦略はいくつもあってしかるべきではないか、ということになる。実は人間でこの件が初めて研究されたのは、2015年になってであり、ごく最近だ。

それによれば、男も女も2つの戦略を持っている。浮気型と真面目型だ。どう考えても前者が魅力的で派手だろうし、後者が地味だろう。

しかし、間違えてはならないのはどちらも優れた戦略であり、だからこその2つの勢力が存在するということだ。大切なのは自分がどちらの戦略者であるかを悟り、実行すること。あなたがたとえモテないタイプであったとしても何ら悲観する必要はないのである。

ただ、そうはいってもできればモテたいというのが人間の性、特に男の性だ。この本では我々はどう振る舞い、生きるべきか、そのヒントの数々を探り、1人1人ができることの可能性を探って行こうと思う。

本書の執筆にあたり、私が産経新聞の「正論」で長年お世話になり、今はフリーの編集者として活躍しておられる宇都宮尚志氏、ビジネス社の唐津隆社長のお力添えをいただきました。この場を借りて感謝申し上げます。

※『Stay or stray? Evidence for alternative mating strategy phenotypes in both men and women』Rafael Wlodarski, John Manning and R. I. M. Dunbar

はじめに……3

第1章
男は睾丸で生きている……11
12……ペニスサイズと睾丸の重さの秘密
18……精子の数がどんどん減っている
21……精液に抗うつ作用あり
25……アダルトビデオで精子は活気づく

第2章
女の目はペニスを追いかける……31
32……テングザルのオスの鼻、だてにデカくはなかった
35……女はやっぱり男のペニスを気にしている？
39……女は腕のいいレイプ犯を選ぶ

43……レイプとペニスの不思議な関係
48……セックスのときのペニスの実情
51……女は匂いで男を選ぶ
57……女の涙は男を萎えさせる

第3章 なぜ欲情を抑えられないのか

なぜ欲情を抑えられないのか……61
62……性に親しむボノボの話
67……女はどんな相手にも興奮する
72……ならば、同性愛の女は？
75……同性愛には3つのタイプ
83……男は生まれる順が遅いほど同性愛者に
87……快感はいかにうまれるか
90……浮気と遺伝子の関係
96……遺伝子こそ浮気を誘発する

第4章 モテ親父とセクハラ親父の悲しい境界線

モテ親父とセクハラ親父の悲しい境界線……101
102……セクハラやり放題でもお咎めなし
106……アフリカ、東南アジア、沖縄の男は働かない？
110……尾羽の長いツバメのオスはなぜモテる？
115……結婚すると男は太る
119……男はなぜ女のおっぱいを揉みたがるのか
123……男は身長が高い、女は身長が低いと子が多い
127……イケメンは健康
129……イケメンは長生き
131……そしてイケメンは精子の質が良い
134……女はＢＷＨがすべて揃わないとだめ

第5章 モテなくても大丈夫

モテなくても大丈夫……139

身長が高いと寿命が縮む……140
ハゲは病気に強い……146
ハゲやすいがハゲ薬がよく効く……152
トカゲのジャンケン……155
モテない男は左翼となる……160
ガガンボモドキ「駆け引き」の妙……163
不利な状況でも最善尽くすコアホウドリ……167
トップの座から落ちても追放されないゲラダヒヒ……170
サケのオス、どっちが優秀か？……173
自然の力で免疫力がアップする……176
可愛い赤ちゃんは愛情深く育てられる……181

第6章

男と女の「死ぬまでセックス」問題 185

男と女　浮気と浮体はどちらが嫌いか 186
男の嫉妬深さは文化で違う？ 189
マスターベーションには意味がある 193
妊娠しやすい時とは？ 197
「あなたそっくりだわ」と女が連呼するわけ 202
幼女を犯し、熟女に食べられたがる変態グモ 205
幼女に惹かれる男とは 208
ひたすら男の魅力が問われるモソ人の社会 210

第7章

私の「新型コロナ」考 215

第1章

男は睾丸で生きている

ペニスサイズと睾丸の重さの秘密

ゴリラのオスは200キロにも及ぶ巨体を誇る。ならばペニスもさぞかし、と人々は想像し、巨根伝説なるものがある。しかし彼らのペニスはたったの3センチだ（しかも膨張時）。ペニスサイズや睾丸の重さは、必ずしも**体の大きさに応じて決まるわけではない**のである。

では、何によって決まるのだろう。それは**精子競争だ**。メスの卵の受精をめぐる複数のオスどうしの争いがいかに激しいか、である。

『性のトリセツ「性活力」あふれる生き方のすすめ』（津曲茂久著、緑書房）のデータによると、

まずは睾丸サイズ（グラム）。

・**人間**　24〜50

・ボノボ	110
・チンパンジー	120
・オランウータン	35
・ゴリラ	30

これらの霊長類のうち、もっとも精子競争が激しいのはボノボとチンパンジーだ。

いずれも複数のオスと複数のメス、その子どもたちからなる数十から100頭くらいの集団で暮らし、婚姻形態は乱婚的。よってオスはメスを妊娠させるため、より多くの、より優れた精子をつくる必要がある。だから精子の製造元である睾丸が発達するのである。

人間は、実は人種ごとに睾丸の重さが違う。平均すると、ニグロイドが50グラム、コーカソイドが33グラム、モンゴロイドが24グラム。

つまりこの順で精子競争が激しいと考えられる。ニグロイドでは浮気が盛んであるなど、乱婚的傾向がもっとも強く、モンゴロイドではそれらの傾向はもっとも弱いのだ。

さらにオランウータンとゴリラの睾丸は体の外には出ておらず、お腹の中にある。そのことだけからも精子競争は低調であることがわかる。

そもそも睾丸が体の外に出ているのは、**精子の低温保存のため**であり、精子を長持ちさせる必要があるからだ。精子競争が激しいと**外に出す必要がある**ことになる。睾丸が体の中にあるのは、低温保存の必要がないほど精子競争が低調ということなのである。

実際、オランウータンのオスは数頭のメスを縄張りの中に確保し、ロングコールという大きな声と匂い付けによって他のオスを寄せ付けないようにしている。とはいえ、直接ガードしているわけではないので、時々若いオスが侵入してメスと交尾することもある。よって若干の精子競争は起きうる。

ゴリラも1頭のオスが数頭のメスを従えハレムをつくっているが、メスを直接ガードするため、メスが他のオスと交尾することはまずない。精子競争はまったく起こらないと言える。その代わり、オスは体を張ってメスを守るため、あのような巨体となったわけだ。

さらに体重に対する比率を考えたら、ゴリラ、オランウータンの睾丸がいかに小さいかがわかるだろう。

ではペニスの長さはどうだろう（勃起時。センチメートル）。

- **人間** 11〜16
- **ボノボ** 14
- **チンパンジー** 8

・オランウータン　4
・ゴリラ　3

ここでもまた、精子競争が激しいとペニスは長くなるという傾向がある。おそらく長くなることで精液を、メスの生殖器のより奥のほうへと送り込めるからだろう。

しかしながら人間が、精子競争が極めて激しいボノボよりもチンパンジーよりも長いというのは何とも不思議だ。

ちなみにペニスの長さもニグロイド、コーカソイド、モンゴロイドの順であり、平均でそれぞれ16、14、11センチだ。

さらに人間のペニスは長さだけでなく、太さも霊長類一なのである。とするなら何か、人間ならではの事情というものを考えなくてはいけないだろう。

実は、ボノボもチンパンジーも交尾時間が極端に短い。だいたい7～8秒であり、スラスト（ピストン運動）は十数回。

片や人間の交尾時間はこれよりはるかに長く（男によってはかなり短い場合もあるが）、スラストは何十回、何百回となされる。

そこでイギリスのロビン・ベイカーらは考えた。人間の男は射精の前に、女の生殖器に存在する、前回射精した男の精液を何十回、何百回というスラストによって吸引して掻《か》き出し、それから自分の精液を注入するのではないか。前回の射精が自分であっても、古い精液を取り除いてから注入することになって、これまた意義がある。

人間の男の**ペニスは、より効率よく吸引するために太く、長くなったし、掻き出しのために先に返しがある**のではないか、というのである。

ボノボもチンパンジーも、もし仮に吸引して掻き出したとしても、乱婚的であるため、たちまち自分のものが掻き出されてしまう。ならば吸引と掻き出しは諦《あきら》めたということなのだろう。実際彼らのペニスは先が細くなっていて、返しもなく、吸引にも掻き出しにも適していない。

ベイカーらの仮説は、「サクション・ピストン仮説」と呼ばれ、直感的にとてもよく理解できる（サクションとは吸引の意）。しかし実際に仮説を検証したのはアメリカ、ニューヨーク州立大学のG・G・ギャラップジュニアらだ。

彼らは市販されているアダルトグッズを利用した。女性器のひな型に、コーンスターチを水で練ったものを精液として入れる。これを返しのあるペニスのひな型と、返しのないひな型で手動によって吸引し、掻き出してみる。

　すると前者では91％も掻き出せたのに対し、後者では35％しか掻き出せなかったのである。返しは重要なのだ。

　また男子学生にアンケートをとると、つきあっている女性が浮気したかもしれないと感じたときには、より深く挿入し、より激しいピストン運動をすることがわかった。

　こういうことは心理的プログラムとして存在するのであり、おそらく嫉妬《しっと》と呼ばれるものがそれなのだろう。

※『The human penis as a semen displacement device』Gordon G.Gallup Jr, Rebecca L.Burch, Mary L.Zappieri, Rizwan A.Parves, Malinda L.Stockwell, Jennifer A.Davis

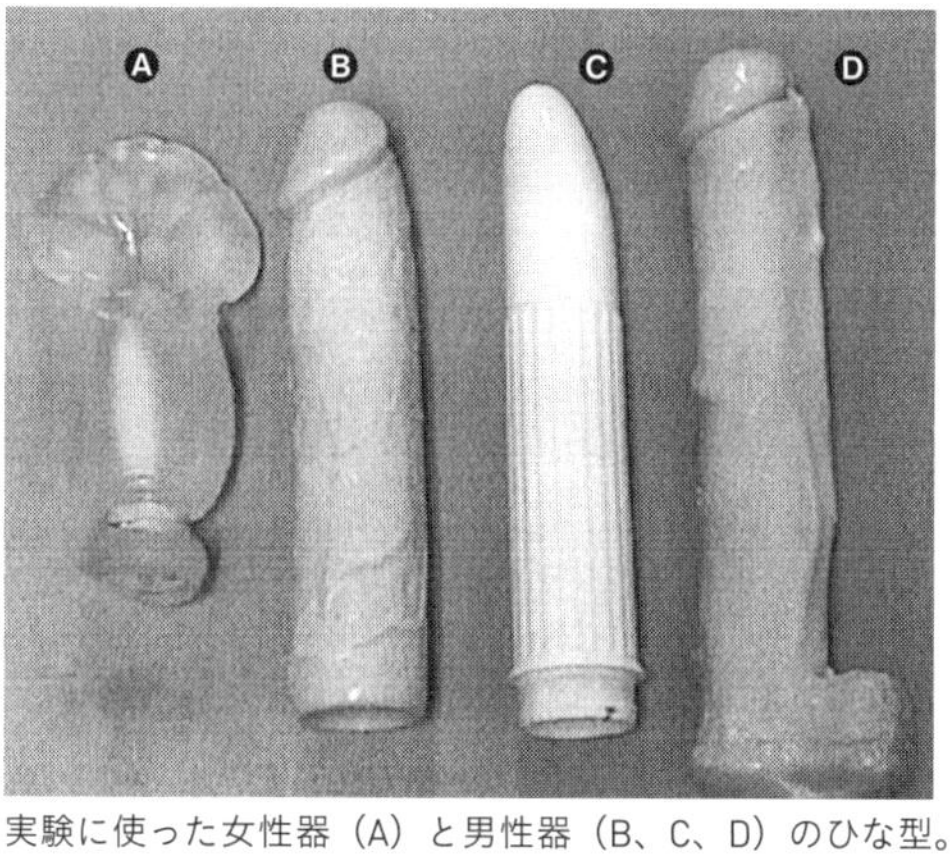

実験に使った女性器（A）と男性器（B、C、D）のひな型。
返しのあるBとDは91％が掻き出せた。

精子の数がどんどん減っている

すでに述べたように、精子は熱に弱い。だから人間やチンパンジー、ボノボのように精子競争がある程度激しい動物では睾丸は体の外にある。「冷蔵保存」のためである。となれば、睾丸を温めるような下着や環境は精子にとってよくないことは想像できる。

そこで調べられたのは、トランクスとブリーフでの違いだ。男子学生に、トランクスタイプとブリーフタイプの下着をそれぞれ半年間ずつ着用してもらい、2週間ごとに精液を採取し、精子数を数える。

するとトランクスの平均が8億9500万に対し、ブリーフでは4億6000万。倍もの違いがあった。

運動している精子に限ると、トランクスが5億3000万に対し、ブリーフは1億7400万。もっと違いがあった。

これらはオランダで行われた調査であり、若い学生が対象なので、あまり驚かないように。日本人は睾丸の大きさがコーカソイドよりも小さいので、もっと低い値が表れるだろう。

ノート型パソコンを膝《ひざ》の上に乗せるとか、スマホをズボンのポケットに入れるのも要注意であることはもちろんだ。

そして**恐ろしいのは熱い風呂（42度以上）やサウナ**だ。

男性の被験者に、80～90度のサウナに週に2回、1回に15分入るということを3カ月繰り返してもらう。

すると、サウナに入っている3カ月間の精子数は、サウナ前の半分以下に減り、サウナをやめて3カ月たってもまだ回復せず、**6カ月たってようやく元通りになる**のである。

こういう人為的な要因による精子減少とは別の精子減少の例もある。

それは世界的な精子減少である。1973年から2011年にかけて、年に1・6％ずつ減り、この約40年で59・3％も減少しているのだ。

これらの調査は北米、ヨーロッパ、オーストラリア、ニュージーランドで行われたものであり、いわゆる先進国である。しかしアフリカなどでも、これに少し遅れて同様な精子数の減少が始まっているというから、人間の何らかの文化が関係しているだろう。ちなみにウシやブタで、そのようなことはない。

そこで白羽の矢が立ったのは、ビスフェノールAという物質だ。プラスチックの食品パッケージ、缶入り飲料や缶詰めの内側のコーティング、食品用のラップの材料で、コンビニのレシートなどにも含まれる。

ビスフェノールAは、エストロゲン（女性ホルモンの3種の総称）の受容体を活性化するという働きがあるので、男性を女性化するのだろう。

ビスフェノールAは乳がん、前立腺がん、肥満、糖尿病、心血管疾患などとの関係も疑われている。

精液に抗うつ作用あり

精液には、精子以外にもさまざまな、意味深な成分が含まれている。テストステロン（男性ホルモンの代表格）、エストロゲン、濾胞《ろほう》刺激ホルモン（ＦＳＨ）、黄体形成ホルモン（ＬＨ）、プロラクチン、プロスタグランジン数種……。

こんなにもいろいろな成分が含まれているのなら、女の生殖器内に放たれた精液が、何らかの作用を及ぼしても不思議はない。

そのようなわけで、あの「サクション・ピストン仮説」を検証したアメリカ、ニューヨーク州立大学のＧ・Ｇ・ギャラップジュニアらは２００２年に次のような研究をした。

この大学の女子学生、２９３人をボランティアとして集め、そのうちの性的に活発な２５６人について、まずは避妊の仕方について分類した（残る37人はセックスをしていない）。

コンドームを常に使用しない、時々使用する、普通使用する、常に使用する、である。常に使用しないグループは皆、ピルを服用している。

一番最近のセックスから何日たっているかという日数。ＢＤＩなる、うつのスコアをいくつかの質問に答えることで算出する。

そうすると、常にコンドームを使用しない、生派の女のうつのスコアＢＤＩは平均で8・00。

普通使用するグループの15・13、常に使用するグループの11・33と比べ、明らかに低い値だった。

うつ傾向ではないのだ。

コンドームを常に使用しないというのは、もともと楽観的な性質を持っているからではない。彼女たちは皆、ピルを服用している。ピルによって妊娠の恐れがないために、コンドームを使用していないのである。だから、もともと楽観的だから、うつのスコアが低いという意味ではない。

また、コンドームを常に、または普通使用しているグループのうつのスコアは、まったくセックスをしていないグループと同じくらいに高かった。コンドームをほぼ常につけているると、うつのスコアはセックスをしていないのと同じくらいになる。

このような結果からわかるのは、**常に生のセックスをし、精液の洗礼を浴び続けると、うつ傾向が緩和される**のではないか、ということだ。

この推測が正しいかどうかは、一番最近のセックスから何日たっているか、とうつ傾向との関係を探ってみるとよくわかる。

常に生のセックスをしている女たちは、最後のセックスからの日数がたつに従い、だんだんうつ傾向が強まっていった。

この傾向は時々コンドームを使用するグループの女たちについても同じである。

ところがコンドームをよく使用するグループ、つまり精液にほとんど接しない女たちには、このような、うつのスコアの変化は見出されなかった。

どうやら精液に抗うつ作用があるとみてよいようだ。

さらに、うつと言えば自殺と密接な関係がある。そこで自殺をしようとしたことがあるか、という質問がなされた。

するとコンドーム使用と自殺を試みた割合（%）は次のようになった。

①常にコンドーム付けない 4・5
②時々コンドーム使用 7・4
③普通コンドーム使用 28・9
④常にコンドーム使用 13・2

①と②、③と④との間に大きな違いがある。
また、セックスをしていない女の場合、自殺をしようとしたことがあるのは13・5%で、④の常にコンドーム使用の場合と値がほぼ一致した。

いったい精液のどんな成分が、うつを軽減する効果を持つのか。この件についてはマウスのメスにテストステロンを投与した実験、エストロゲンが閉経後の女性や若い女性の気分を高揚させる効果があることから、これらの性ホルモンが候補として挙げられているが、確かなことは不明だ。

ともあれ、ギャラップジュニアたちは、閉経後や出産直後など、**妊娠の可能性がまずない女たちに生のセックスを奨励**している。もちろんうつの緩和のために、だ。

※『Does semen have antidepressant properties?』Gordon G.Gallup.Jr, Rebecca L.Burch, Steven M.Platek

アダルトビデオで精子は活気づく

そもそもアダルトビデオとは何ぞや？

単純に考えると、それによって普通ではありえない、大きな興奮が得られるから、男が好むということだろう。

しかしなぜ、普通ではありえない大きな興奮が得られるのかといえば、ビデオの中にライバルの男がいる、と男が錯覚してしまうからだ。

つまり、自分の女がその男によって妊娠させられないよう、**より興奮し、より質のいい精子**を、そしておそらく精子自体の数も多く放出しようとする。それが**アダルトビデオなるものの本質**なのだ。

このような現象は2004年にトゲウオで検証されている。

トゲウオのオスに、ビデオによってライバルオスを見せると、そのオスは張り切ってしまった。

巣に産み付けられている卵に対し、ビデオでライバルを見ない場合よりも、より多くの精子をふりかけたのである。ライバルオスの精子によって、なるべく卵が受精しないようにするための保険である。

実は人間でも、アダルトビデオを見ると、より多くの精子が、そしてより運動性のある精子が放出されることがわかっている。

では、ビデオをもっと厳しい精子競争が起こりそうな内容にしてみたらどうなるだろう。

オーストラリア、ウエスタン・オーストラリア大学のサラ・J・キルガロンらは、被験者に男2人女1人の3P、または女3人、という2種のイメージビデオのどちらかをランダムに見せつつ、精液を採取するという実験を行った。

前者はかなり激しい精子競争が起こりそうなイメージ、後者は精子競争は起こらず、なおかつイメージに参加している人数を前者にあわせているという意味である。

被験者はこの大学のキャンパスで集めた、ヘテロセクシャルな男性52人だ。

すると、前者の精子競争のイメージビデオを見せられたほうのグループのほうが、動きのよい精子の割合（%）は高かった。

・**精子競争あり**　52・1
・**精子競争なし**　49・3

あまり違わないような印象を受けるが、統計的に処理すると十分な差がある。

さらにこのとき、自分がよく興奮していると評価したグループと、あまり興奮していないと評価したグループに分けると、動きのよい精子の割合（%）には大きな違いがある。

・**興奮グループ**　58・7
・**あまり興奮していないグループ**　38・0

より厳しい精子競争が起こりそうな場面では、動きのよい精子の割合が高まることがわかった。では、精子数自体はどうなるだろうか。

この研究では1㎖あたりの精子数は、

・**精子競争あり**　約6200万
・**精子競争なし**　約7700万

つまり、精子数についてはむしろ少なく、精子競争がかなり激しそうな状況では、精子は少数精鋭となるということがわかる。

この研究では、放出される精子の動きに、もっと大きな影響を与える要因があることがわかった。

携帯電話をどこに持っているかである。

携帯電話はかなりの熱を発する。熱は精子の生きのよさにもっとも影響を与える。人間の睾丸が体の外にあるのは、体内よりも温度の低い場所に、冷蔵保存するためである。

ともあれ、「携帯をズボンのポケットに入れる、またはベルトにひっかける」VS.「携帯は身につけない、または体の他の場所に持つ」では、動きのよい精子の割合（%）は、

・**前者**　49・3
・**後者**　55・4

だったのだ。

これは男が3Pのビデオを見たか否か、興奮しているか、あまり興奮していないか、の違いよりも、はるかに大きな違いで、**人間の男が今、リアルタイムで受けている最大の淘《とう》汰《た》要因**であることを知るべきだ。

男は何の気なしにズボンのポケットに携帯をしまっているが、その危機感のなさ、情弱さが繁殖に一番影響するのである。

※『Image content influences men's semen quality』Sarah J.Kilgallon, Leigh W.Simmons

第2章

女の目はペニスを追いかける

テングザルのオスの鼻、だてにデカくはなかった

過去に何度も聞かれた質問に「人間の男は鼻がデカいと、あそこもデカいのか」というものがある。

あそことは無論ペニスだ。そういうときには私はこんなふうに答えている。

男のペニスも鼻も、第2次性徴期にテストステロン（男性ホルモンの代表格）の働きによって発達する。

だから鼻がよく発達している男は、ペニスも発達している傾向にあっても不思議ではない。

そういう意味で「**鼻がデカいとペニスもデカい**」と言っていいのではないか。

それにこういう〝俗説〟というのは古来、多くの人が観察を続けて来た結果の結論であるので、おおむね正しいはずである。

にも拘《かか》わらず、鼻とペニスサイズとの関係を調べた研究があるとは聞いたことがない。ぜひ誰かに調べていただきたいところだ。

しかしながらオスの鼻のサイズと睾丸サイズとの間に相関があるということなら、テングザルでわかっている。

テングザルはボルネオ島の沿岸部や川岸といった水辺の熱帯林にすむサルで、1頭のオスが数頭のメスとその子どもたちを従えてハレムをつくっている。オスの鼻は大きくてだらりと垂れ、あごを覆うほど。彼らは葉を主食としているが、どう見ても食べにくそうである。

そんなにも鼻がデカいのはオスのみで、メスの場合はどちらかと言うと、つんと上を向いた小さな鼻だ。

テングザルは鼻が大きいほど多くのメスを惹きつける。

こういうふうにオスとメスとで大きく違いがあるときに考えられるのは、オスの鼻の大きさは魅力となっていて、メスはより大きな鼻を持ったオスを選んでいるのではないか、ということだ。

京都大学霊長類研究所の香田啓貴さんらが行った研究によると、鼻の大きさと相関があったのは、睾丸サイズ、声の低さ、体重だった。

もちろん**鼻がデカいほど、睾丸が大きく、声が低く、体重があった**。

とはいっても、そもそもテストステロンは主に睾丸でつくられる。そのテストステロンが鼻の発達、声の低さ、体の発達のすべてに関係するので、今述べたように、鼻、睾丸、声、体の大きさのすべてに相関が表れるわけだ。

そしてもう1つ、鼻の大きさは確保しているメスの数と相関があった。**鼻が大きいほど多くのメスを惹きつけ、モテる**のである。

実をいうと、メスとしては、鼻の大きさでオスの質や生殖能力を知りたいところだが、彼らの住んでいるのは熱帯林。視界がよくない。

そこで声の低さを頼りに、鼻のデカいオス、ひいては睾丸の大きさに代表される、生殖能力の高いオスを選んでいるということらしい。

低い声はまた、他のオスに対し、「俺がこんなに低い声が出せるのは、体が大きいことの証なんだ。だから闘いを挑んだとしても勝ち目はないぜ」という、争いを回避させるための信号にもなっているという。

※『Nasalization by Nasalis larvatus : Larger noses audiovisually advertise conspecifics in proboscis monkeys』Hiroki Koda, Tadahiro Murai, Augustine Tuuga, Benoit Goossens, Senthilvel K.S.S. Nathan, Danica J. Stark, Diana A. R. Ramirez, John C. M. Sha, Ismon Osman, Rosa Sipangkui, Satoru Seino, Ikki Matsuda

女はやっぱり男のペニスを気にしている？

女は男のペニスサイズには関心がない、というのが長い間、定説だった。大きすぎるペニスは膣を傷つけるので女は敬遠する、などと説明されてきた。

こういうことは、ずばりペニスサイズに関心があるかどうかと聞いたアンケートにより、女が正直に答えている確証はない。

しかしここで紹介する研究は、確かにアンケートによるのだが、女がウソをつきにくい状況を実に見事につくり出している。

オーストラリア国立大学のブライアン・S・マウツらは、実物大の男の裸のフィギュアを壁に投影するという方法を用いた。

それらはペニスサイズ（平常時）、肩幅が広く男らしい体型（ヒップに対する肩幅の比。これが大であるほど男らしい体型）、身長という3つの要素について、それぞれ7段階に分け、組み合わせる。

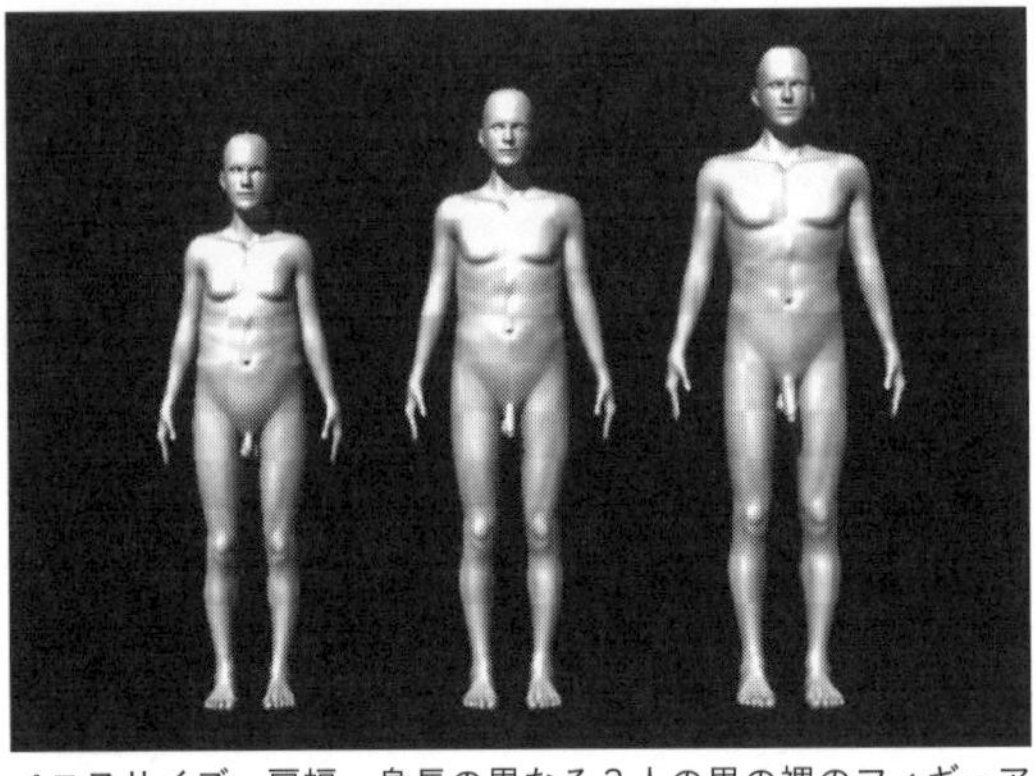
ペニスサイズ、肩幅、身長の異なる３人の男の裸のフィギュア。中央が平均。

データについてはイタリア人男性のものを元にしており、ペニスサイズなら5～13センチを7段階に分ける。ヒップに対する肩幅の比については1・13～1・45を、身長については1・63～1・87センチをそれぞれ7段階に分けた値をフィギュアのサイズとして採用するのだ。

そうすると7×7×7で、全部で343種類のフィギュアができあがる。

このうちの53のケースを各女性が、セックス・パートナーとしてどれほど魅力的であるか、1から7までのキーボードを押して評価するわけだ。

フィギュアは4秒間現れ、その間に左右に30度ずつ回転し、側面の様子も見せる。

評価する女性は、オーストラリアの2つの大学の学生、職員などから集められ、総勢で105人、平均年齢は約26歳だった。

そうすると、ペニスサイズが大きいことは、身長の低い男の場合よりも高い男の場合に、より魅力的であると評価された。

同様に、ペニスサイズが大きいことは、肩幅が狭い、あまり男らしくない体型の場合よりも、肩幅が広い、より男らしい体型の場合に、より魅力的であると評価された。

どうやら3つの要素は連動しているようである。しかも大きいペニスと高い身長とは、男の魅力として同じくらいの効果を持つということもわかった。

こうしてマウツらは、ペニスがまだ服に隠れず、露わになっていた時代に、**女が大きいペニスを好み、選ぶ**ことによって、**大きくなるよう進化した**のだろうと結論しているのである。

しかしながら私としては、服で隠れるようになってからも、そのような選択は可能ではないかと思う。何となく大きさはわかるし、男が下着を脱いだ瞬間をちらりと見ることによってもわかる。また、そうであるからこそ、この研究において、女は今でも男のペニスサイズを気にし、選んでいることがわかったのではないだろうか。

何しろ、サクション・ピストン仮説（第1章「ペニスサイズと睾丸の重さの秘密」を参照）とその検証結果からすれば、ペニスの大きさとは前に射精した男の精液をいかに吸引し、掻き出すかの能力の証。それは本人の遺伝子をいかに残すかという問題と密接につながっている。

よってペニスが大きく、自分の遺伝子をよく残すことのできる男と女が交わるとすれば、生まれてきた子、特に男の子なら、**父親譲りの吸引と掻き出しの能力によって自分の遺伝**

子をよく残すだろう。そうして女自身の遺伝子も間接的によく残るのだ。

そのような長期的展望に立つと、ペニスサイズとは極めて重要な情報ということになるのである。

※『Penis size interacts with body shape and height to influence male attractiveness』Brian S. Mautz, Bob B. M. Wong, Richard A. Peters, Michael D. Jennions

女は腕のいいレイプ犯を選ぶ

繁殖を巡っては男と女でまったく事情が違っている。

男は1度射精したなら、次の繁殖のチャンスは、早い話、精子が回復したとき。1日、

2日のこともあれば、数時間という場合もある。ものにできるかどうかは別として、チャンスだけはすぐにやってくる。

片や女の場合には、1度妊娠したのなら、妊娠期間、出産、授乳、その後しばらくの子育て、とやるべきことが多く、拘束され、次の繁殖のチャンスは年単位でしかやってこない。

となれば女としては、同じ産むならできるだけ**質のよい男の子どもを産みたい**わけで、それだけ男を慎重に選ぶことになる。

一方の男はむしろ慎重ではないほうがよい。女がせっかくのチャンスをつくってくれたのに、「この女は……いまいち」「この女も、なあ」などと言っていたら、自ら次々とチャンスをつぶしていくことになってしまう。

こういう議論は大雑把に男と女の違いを説明しただけで、実際はそう簡単なものではないことはもちろんだ。

そうすると、だ。ときとして女は相手をじっくり審査する暇もなく、いきなりセックスさせられそうになる場合がある。レイプだ。レイプされたときには、それはもう諦めるしかないのだろうか。本来なら選ばないような、質のよくない男の子どもを妊娠するしかないのだろうか？　驚いたことに**レイプの際には通常の場合に比べ、子ができやすい**のである。

この問題について初めて意見を述べたのは、アメリカのサイエンスライター、ロバート・ライトで、1994年のことだ。彼は『モラル・アニマル』（邦訳あり。筆者監修で講談社刊）の中で、あくまでオランウータンの話としてこんな論を展開している。

オランウータンは1頭のオスが数頭のメスとその子どもたちを率いて、ハレムをなしている。といっても樹上で暮らす彼らは、母と子を別にすれば単独行動をとっていて、リーダーオスは、ロングコールと呼ばれる4キロメートルも届く大きな声と匂いづけによって間接的にハレムを防衛している。この声を発するために、ハレムのリーダーはのど袋を発達させ、ほほにはフランジと呼ばれるメガホンの役目をなす突起がある。

そんなわけで、体があまり大きくなく、のど袋もフランジも発達させていない若いオスが、リーダーの縄張り内に侵入。メスをレイプするのである。

このときメスはレイプのときにしか聞かれない、しわがれた声を発するが、抵抗もする。そしてライトによれば、抵抗してみて、それでもやり遂げられるかを判断している。

どうせレイプされるのなら、できるだけ腕のよいレイプオスの子を産みたいということなのだ。メスは最後の最後までオスの質に拘るのである。

実際、オランウータンでは、リーダーオスの子どもたちとレイプによって生まれる子どもたちとが半々であり、レイプも立派な繁殖戦略なのである。

リーダーオスが死ぬかいなくなって、ロングコールと匂いづけによる存在のアピールが消えうせると、レイプオスはにわかに体を発達させる。のど袋もフランジも発達させ、リーダーオスへと変身するのだ。

こうしてライトはレイプの本質を論ずるのだが、どう考えても人間のレイプをオランウータンのレイプに置き換えて論じているとしか思えなかった。

そしてその翌年、イギリスの研究者、ロビン・ベイカーらは、ずばりレイプで女が抵抗するのは、**腕のいいレイプ犯を選ぶため**だと述べている。**抵抗して諦めるような男の子どもなど産んでもしようがない**というのである。

レイプとペニスの不思議な関係

鳥のオスには普通、ペニスがない。交尾はオスがメスに乗っかり、互いの総排泄腔《そうはいせつこう》どうしをくっつけて行う。

総排泄腔とは文字通り、何でも排泄する器官で、糞尿も精液も出てくるし、卵もここから産み落とされる。ともあれ総排泄腔をくっつけるだけなので、交尾はものの数秒で終わってしまうのだ。

しかし鳥のうちでも水鳥のオスはペニスを持っていることがある。当然メスの側にも、それに対応するように膣が発達している。

もちろんオスがペニスを発達させている種ほど、メスは膣を発達させている。

その場合、単なる発達ではなく、ペニスは長く、らせん状に回転しており、膣はと言えば、何とペニスとは逆のらせん状に回転し、しかも所々に「ポーチ」と呼ばれる袋状の構造が存在する。

オスとメスの生殖器は互いに「軍拡競争」をしながら発達してきているというわけだ。

このような「軍拡競争」とは、はたしてどういう経緯によって起きたのだろう。

このあたりの事情について研究したのは、アメリカ、エール大学のパトリシア・ブレナンと、鳥の大御所学者であるイギリス、シェフィールド大学のティム・バークヘッドらで、論文の発表は2007年のことだ。

まず16種の水鳥のペニスの長さについて測定すると、最大で20センチのものがあった。そしてこの16種のうちでも12センチを超える長いペニスは、系統樹を眺めてみると、どうやら3回ほど独自に進化したことが窺《うかが》える。

では、なぜ長く、らせんを描くような不思議なペニスが進化したのだろう。

ブレナンらは、16種の水鳥についてレイプの起こる頻度を調べてみた。すると、レイプの発生しやすい種ほどオスのペニスが長く、らせんを描くのだ。

さらにペニスが長いほど、メスの膣のらせんのスパイラルの回数も多く（オスとは逆回転）、途中にあるポーチの数も多い傾向にあった。

20センチというもっとも長いペニスを持つ種では、メスの膣のスパイラルは8回であり、ポーチも3つ存在した。スパイラルもポーチも16種の中で最大である。

オスはレイプをするためにペニスを発達させたが、一方でメスは、レイプに対抗するために、オスとは逆回転の膣とポーチなる袋を発達させているわけである。

メスは**レイプではない交尾のときには膣を緩め、ペニスを挿入させやすくしている**のである。

これと似たような話が、ブチハイエナのメスの偽ペニスにある。

信じられないような話だが、ブチハイエナのメスはオスよりもむしろ立派なくらいの偽のペニスと偽の睾丸を発達させていて、野外の研究者や動物園の関係者を困らせている。

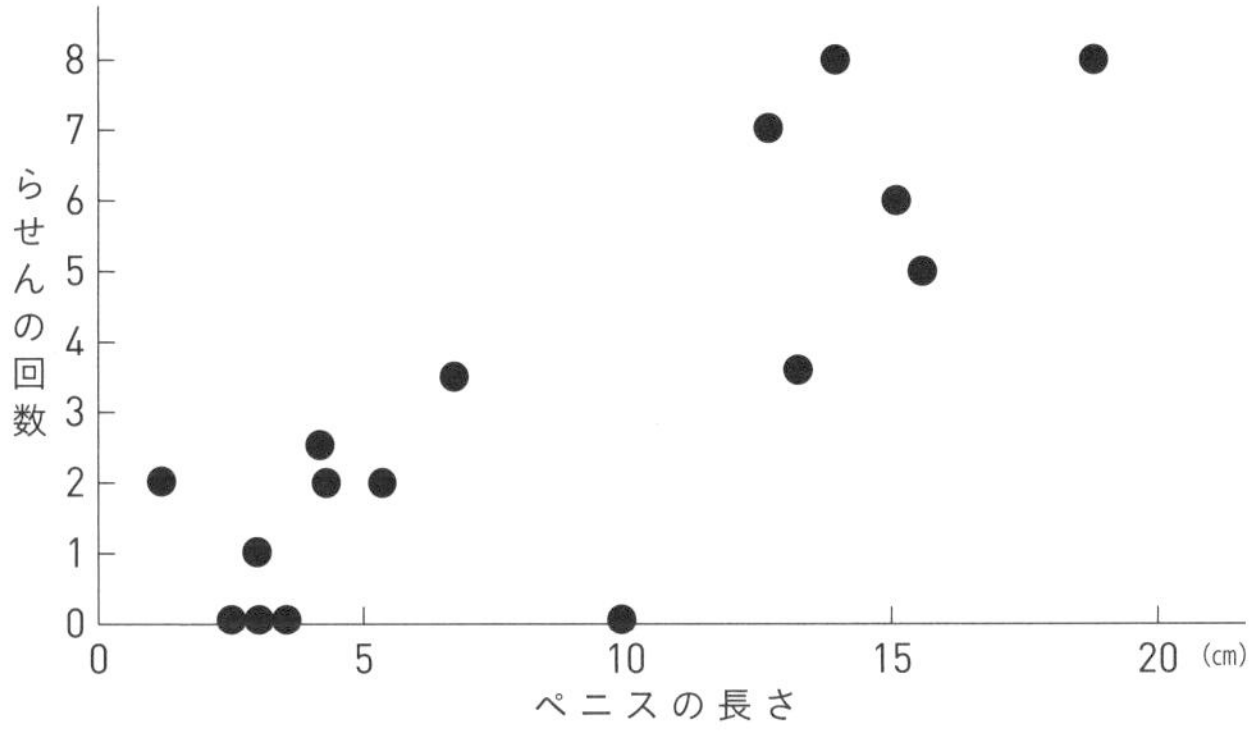

水鳥はペニスが長いほど、膣のらせんの回数も多い。

おまけに膣は、本来なら開いているはずの部分が閉じていて、子は偽ペニスの中を通って生まれてくる。ということは、オスは膣ではなくて、偽ペニスに自身のペニスを挿入するしかないのである。

なぜこんな不思議な現象が起きているのだろう。ブチハイエナに近縁なシマハイエナでも、カッショクハイエナでも、そのような気配すらないのだ。

この件について、ブチハイエナを長年研究しているアメリカ、ミシガン大学のケイ・ホールカンプはおおよそこんなふうに説明している。

偽ペニスも勃起しないと交尾ができない。勃起していないときの偽ペニスは、いわば「だらりと垂れた靴下のようなもの」。オスはペニスを挿入できないのである。

しかし偽ペニスが勃起し、先の方を内側へ巻き込むと、初めてオスはペニスを挿入でき

ブチハイエナのメスは偽ペニスでレイプを防ぐ。

るようになる。

つまり偽ペニスは、その気にならない交尾を防ぐためにある。要は強制的な交尾であるレイプを防ぎ、本当に選びたいオスとのみ交尾するためなのだ――。

ホールカンプ自身は、これが正解とは胸を張って言えないが、今のところは最善の説明だとしている。

私も半分は納得するものの、はたしてその目的のためだけに偽ペニスと偽睾丸という大変なコストを伴う代物が進化してくるだろうか、と疑問が残るのである。

※『Coevolution of male and female genital morphology in waterfowl』Patricia L. R. Brennan, Richard O. Prum, Kevin G. McCracken, Michael D. Sorenson, Robert E. Wilson, Tim R. Birkhead
※『子どもには聞かせられない動物のひみつ』（ルーシー・クック著、小林玲子訳、青土社）

セックスのときのペニスの実情

セックスの最中にペニスはどういう状態にあるか。初めてスケッチとして描いたのはレオナルド・ダヴィンチで、1493年のことだ。

その図によると、ペニスはほとんどまっすぐな状態にある。当時の解剖学の知識（それもダヴィンチが大いに貢献している）を総動員した結果の推定図だ。

次に有名な図は、1933年、アメリカの医者であり、芸術家である、R・L・ディクソンが描いた図だ。このときペニスは女性器の入り口付近でS字のカーブを描くとされている。

1960年代に有名な性科学者、マスターズとジョンソンの2人がペニスのひな型を女性器に挿入。膣鏡を使って観察するという研究をしているが、何しろペニスのひな型なので女性器の中で形が変わるわけではない。

そこで、女性器内でペニスはまっすぐなのか、S字なのか、それとも別の形なのか、ということで導入されたのが、MRI（核磁気共鳴画像法）だ。この装置の中で男女が本当にセックスをし、それを画像化するのである。

オランダ、フローニンゲン大学病院のペック・ヴァン・アンデルは、医者であると同時に芸術家である。もともとはプロ歌手が「aaa」と発声しているときの口と喉《のど》のMRIの画像を調べていたが、男女のセックスの様子も画像化できないかと考えた。

そこで1991年、友人である人類学者のイダ・サベリスに声をかけたところ、快諾。彼女は恋人とともに、この試みに世界で初めてトライしたのだ。

結局、1998年までに8組のカップルが研究に協力した。うち3組は2度実行し、サベリスと恋人のペアも協力を惜しまなかった。

そうすると、正常位でセックスした場合、性的

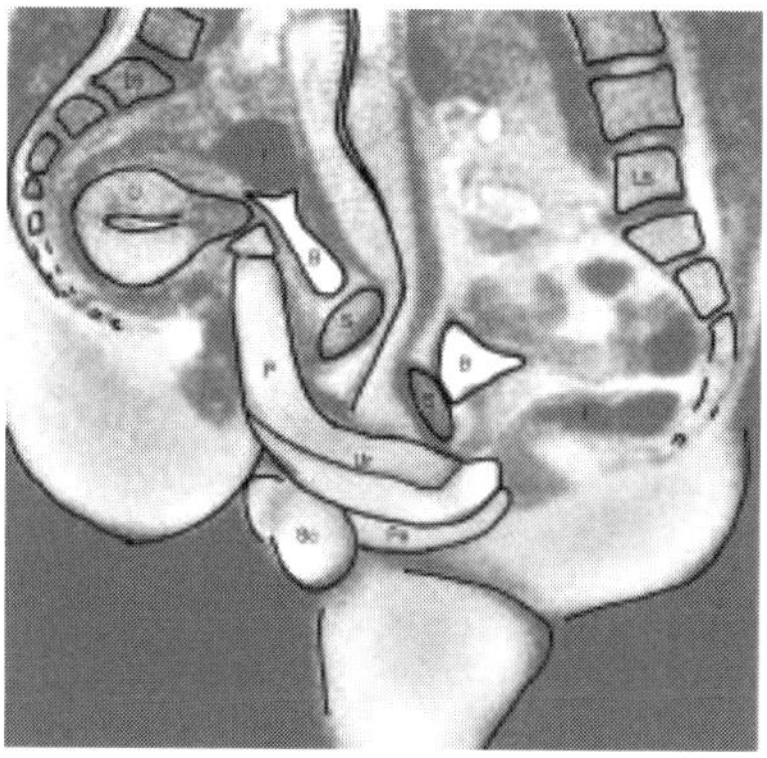

性交時のペニス（P）のイメージ画像。ブーメランのように曲がっている。

興奮時に女の膣は伸びることがわかった（これは極めて当然）。

そして子宮は2～3センチほど上へと位置を変える。

ここまではある程度、予想できた。

しかし、ペニスはというと、予想の範囲内にはなかった。まっすぐでも、S字でもなく、ブーメランのような曲がり方だった。

実は、それは女の脊柱に沿ったカーブだったのである。結局、**ペニスは女の体の曲がりに沿った曲がり方をしていた**のである。


この研究では、もう1つ重大な発見があった。それはセックスの最中に女の膀胱《ぼうこう》に急激に尿がたまってきて、膀胱がたちまち大きくなるということだ。

あなたが女性なら、これが意味するところがおわかりだろう。セックスとは膀胱炎のような尿路感染症にかかりやすい行為である。しかし急激に尿がたまれば、セックスの後すぐにトイレに駆け込み、排尿し、それら感染症の病原体を洗い流せる。セックスの際に急に尿がたまることには大変重要な意味があるのである。

※『Magnetic resonance imaging of male and female genitals during coitus and female sexual arousal』Willibrord Weijmar Schultz, Pek van Andel, Ida Sabelis, Eduard Mooyaart

女は匂いで男を選ぶ

女は男を匂いで選んでいる。この衝撃的な研究が発表されたのが1995年。スイス、ベルン大学のC・ウェーデキントらによる。

まず男子学生が日曜日と月曜日の2晩にわたってTシャツを着て寝るように指示される。その際、自分以外のあらゆる匂いを排除するよう厳重に注意される。石鹸やシャンプーなどは無香料のものを使い、玉ネギ、ニンニクなど、匂いのきつい食べ物、お酒、たばこもだめ。誰かと添い寝することも、セックスすることも禁止だ。

そうして火曜日にTシャツを提出し、今度は女子学生がその匂いを嗅《か》ぐ。

このときあらかじめ学生たちのMHCについて調べられている。

MHCとは主要組織適合複合体の略で、ほとんどあらゆる細胞の表面にある抗原、つまりタンパク質のこと。人間ではHLA（ヒト白血球抗原）と言うこともある。

人間のMHCについては全部で6つの遺伝子座があり、それらは染色体上の非常に近いところに集中しているため、まるで1つの遺伝子であるかのようにセットとなって子に受け継がれる。

そして6つの遺伝子座のそれぞれには非常に多くの遺伝子の型が存在するのだが、そもそもは細胞の表面の抗原の遺伝子であるから、免疫の型の遺伝子である。MHCは臓器移植のときに型が合う、合わない、と問題になるが、それは免疫の型だからだ。

ちなみに臓器移植のときに問題とされるのは、6つの遺伝子座のうちの3つだけ。つまりA、B、C、DR、DQ、DPのうちの、A、B、DRである。この研究でも、この3カ所が問題とされている（ただし、3カ所と言っても、染色体は対になっているので、全部で6つの遺伝子の型が問題となる）。

さて、女子学生たちは全部で6枚のTシャツの匂いを嗅ぐが、うち3枚はMHCの遺伝子の6つの型について自分とほとんど重なりのない相手の物、残る3枚は、半分くらい重なりがある相手の物である。

そうして匂いの良さと強さについて0から10までの評価を下すのだ（平均は5）。

ちなみに彼女たちは、月経周期のうちの、もっとも匂いに敏感である排卵期にテストを受けており、ピルを服用しているグループと、服用していないグループに分けられている。

すると、ピルを服用していないグループでは、MHC型の重なりのほとんどない相手の匂いを良い匂いと感じ、重なりの多い相手の匂いは良くないと感じた。良いと言っても平均で6くらいの評価で普通よりはよい程度、良くないほうも平均で4点台だ。

ところがピルを服用しているグループではまったく逆の結果が現れた。型の重なりが多い相手の匂いを良い匂い、重なりがほとんどない相手の匂いを良くないと感じてしまったのである。

こうしてみると女は本来、排卵期という大事な時期に、**匂いのよさを手掛かりとして、なるべくMHCの型の重なりの少ない相手を選んでいる**ことがわかる。

なぜ重なりの少ない相手を選ぶのか──。そもそもMHCは免疫の型であるため、病原体と闘うためのツールのようなものである。

ツールはなるべくいろんな種類を用意しておきたい。もし相手と同じ種類を持っていると、そのツールを重複して持つ子が生まれる可能性がある。それは何としても避けたい。けれども重なりがほとんどない相手を選べば、そのようなことはまず起こらないのである。

この研究ではさらに、MHC型の重なりがほとんどない相手の匂いを嗅ぐと、今の彼氏か元カレを思い出す確率が高まった。重なりが半分くらいある相手の場合の2倍ほど、よく思い出したのだ。

ということは、女は今カレにせよ、元カレにせよ、MHCの型の重なりがなるべくない相手を選んでいることがわかるのである。

さらに女は、すでに男とおつきあいを始めてしまったとしても、相手のMHCの型についてしつこく検討していることがわかった。

この研究は2005年、アメリカ、ニューメキシコ大学のクリスティーン・E・ガーバー＝アプガーらが行っているが、共同研究者として、長らくニューメキシコ大学に在籍し、かつてMHCの研究も行っているランディ・ソーンヒル、そしてソーンヒルらと組んでいくつもの優れた研究を発表しているスティーブン・W・ガンゲスタッドが名を連ねている。

彼らはニューメキシコ大学の学生カップル48組について調べた。おつきあいをしているか、結婚している人々である。

ともかくそうすると、まず**女のMHCの型が相手の男と重なりが多いと、相手への性的反応が低下する**。

まずは排卵期のセックスでオルガスムスに達しにくくなる。彼女たちはオルガスムスとは精液を強力に吸引し、体に保ちやすくするものと考えており、排卵期にオルガスムスに達しにくいとは、女が相手の男の精子で妊娠したくないという生理的反応だと解釈している。

さらに排卵期にはセックスをするにしろ、しぶしぶである。やはり相手の男の子どもを妊娠したくないのである。

そして実際に浮気しやすくなり、特に排卵期にはパートナーよりも他の男に目移りする。これらの反応もやはり、皮膚から発せられる相手の男の匂いによって起こるのだろうというのである。

そしてこのようなことが続けば、女はやがて男と別れることにもなるだろうが、それで正解なのだ。MHCの型の重なりが多い男との間には、子をなすべきではないからだ。

面白いことに、男の側にはＭＨＣの型の重なりと性的反応との間に何ら相関はなかった。やはり人間も動物である以上、女が男を選んでいるし、**男とは鈍感で、違いがわからない**存在なのである。

ここでわかったことは、離婚原因の第1として挙げられる性格の不一致は、実は、性の不一致であると言われるが、それは、女がＭＨＣの型の重なりの多さから、性的にあまり反応せず、性的な満足を得られないからだということである。

性的な満足が得られない？　そんなことで別れるなんて、この色ボケが！　というそしりもあるだろう。しかし性的な満足にはこんなにも重大な問題が含まれていると我々は捉《とら》えるべきだろう。

※『MHC-Dependent mate preferences in humans』Claus Wedekind, Thomas Seebeck, Florence Bettens, Alexander J.Paepke

※『Major histocompatibility complex alleles, sexual responsivity, and unfaithfulness in romantic couples』Christine E. Garver-Apgar, Steven W. Gangestad, Randy Thornhill, Robert D. Miller, Jon J. Olp

女の涙は男を萎えさせる

涙は女の最大の武器というけれど、実際のところ男に対してどのような働きをするのだろう。

この件について、イスラエル、ワルツマン研究所のS・ゲルスタインらは、よくぞ考えたと思う実験をした。

涙もろいことにかけては自信があるという女性を募集し、お涙頂戴《ちょうだい》物の映画の一部を見せ、まずは悲しいときに流れる涙を採取したのである。

映画は『チャンプ』だ。ボクシングでチャンピオンになった過去があるものの、妻に逃げられ、酒やギャンブルに溺《おぼ》れた生活を送る男を、小さな息子は「チャンプ」と呼んで敬う。男はもう一度チャンピオンの座につくことを決意し、試合に臨む。何度もダウンを奪われ、試合の続行が危険な状態のなか、見事KO勝ちする。しかし力はすでに尽きており、息子が最期を看取るというシーンだ。

このような涙と比較するため、薄い食塩水も用意し、悲しい涙のときと同じように女性のほほを伝わらせたうえで採取した。

一方、男性には女の涙、または薄い食塩水をしみこませたパッドを鼻の下に張り付ける。そうしてまず、女の顔写真を評価してもらうのだが、悲しい涙の匂いを嗅いだときのほうが、食塩水の匂いを嗅いだときよりも、顔をあまり魅力的と感じない傾向があった。女性に惹かれにくくなるのである。

さらに涙の匂いを嗅いだときのほうが性的な興奮が抑えられるようだと申告し、実際、男性ホルモンの代表格であり、攻撃性などに関わる、テストステロンのレベルも下がってしまった。

そして男性陣にも映画の一部を見てもらう。今度はエロティックで倒錯した愛を扱った映画として名高い、『ナイン・ハーフ』だ。ナイン・ハーフとは9週間半の意味である。ともあれ、こうしていったん性的な興奮を高めたのち、悲しいときに流れる女の涙、または薄い食塩水を嗅がせるという実験をした。

すると、涙の場合には脳の活動が低下してしまった。やはり性的な興奮が収まるのである。

ゲルスタインらによると、女が悲しくて涙を流すとき、往々にしてそばにはパートナーである男がいる。彼は当然のなりゆきとして彼女を抱きしめるだろう。

すると、どうだろう。女のほほを伝わる涙はちょうど男の鼻の下あたりに位置することになるではないか。

こうして女の涙は**男を性的に萎《な》えさせ、攻撃性をも抑える**、そして女に惹かれにくくする効果があるというわけである。

フェロモンとは、同種の他個体の生理状態や行動を変える化学物質のこと。よって女の涙は間違いなくフェロモンと言えるのである。

※『Human tears contain a chemosignal』Shani Gelstein, Yaara Yeshurun, Liron Rozenkrantz, Sagit Shushan, Idan Frumin, Yehudah Roth, Noam Sobel

第3章

なぜ欲情を抑えられないのか

性に親しむボノボの話

我々とチンパンジーは、約700万年前に共通の祖先から分かれた。その後、チンパンジーの一部が地理的に隔離され、ボノボという新しい類人猿となった。これが200万〜300万年前のことだ。

このボノボだが、チンパンジーと比べると信じられないくらい平和な社会を築いている。ボノボもチンパンジーも、複数のオスと複数のメス、そしてその子どもたちからなる数十から100頭くらいの集団で暮らし、婚姻形態は乱婚的である。メスは大人になると生まれ育った集団から別の集団へ、ときにはさらに別の集団へと移籍する。

このようにとてもよく似た社会をつくっているボノボとチンパンジーだが、実情は天と地ほどにも違う。

チンパンジーのオスは徒党を組んで別の集団のオスと対峙《たいじ》する。それならまだしも、自身の属する集団の縄張りの境界近くを1頭で行動していると、危険だ。

隣の縄張りの集団のオスたちが、侵入してきて、襲撃。殺すか、再起不能なくらいのケガを負わせてしまう。

片やボノボではそういうことがない。

あるときボノボの集団どうしが対峙し、あわや一触即発かという場面があった。双方に緊張が走る中、一方の集団のオスが1頭、歩み寄り始め、他方のオスも1頭が歩み寄り始めた。両者はついに至近距離まで到達した。さあ、どうなる？　と思われた瞬間。

2頭のオスはくるりと向きを変えると、互いの尻どうしをくっつけあった。これでもう一件落着。両集団は何事もなかったかのように移動を再開したのである。

このようにボノボは性を利用することで相手の攻撃性を緩和している。このときのように違う集団間

ボノボは性を利用して相手の攻撃性を緩和する。

の場合もあれば、同じ集団内でもある。

オスどうしの性行動には尻つけの他に、ペニスフェンシング、クラッカー（睾丸どうしをくっつける）があり、いずれも攻撃性を緩和し、互いの絆《きずな》を強める働きがある。

メスどうしの性行動は「ホカホカ」と呼ばれる。ボノボもチンパンジーも、人間の女の大陰唇にあたる、性皮を発達させているが、ホカホカをするのはボノボだけだ。

メスの一方が仰向けになり、他方が覆いかぶさる。互いにかなりの素早さで腰を振り、性皮をこすりあうのだ。こうして身も心もホカホカしてくるわけだが、この行為によって異なる集団から集まってきているメスたちが結束する。そのため集団内の順位はオスたちよりも高いほどだ。

当然というべきか、メスは集団への移籍直後に頻繁にホカホカを行い、仲間に受け入れてもらおうとする。

性教育や、子どもの頃から性に親しむこともボノボでは盛んだ。

子どもどうしは早くも0歳からじゃれあいながら性行動を覚えていく。特にオスが熱心だ。

オスは3歳くらいで早くも大人のメスに興味を示し、性皮を触るとか、ホカホカの最中のメスたちに乱入。背中に乗るか、ペニスを挿入する。

射精可能となるのは8~9歳からだが、大人のメスと交尾できるのは15歳くらいからだ。

チンパンジーも、若いメスに若いオスが、遊びの途中でマウントし、スラスト(ピストン運動)までする。母親が、発情している親しいメスにグルーミングしている隙《すき》に、わずか1歳半の息子が交尾の練習をさせてもらうこともある。

いずれにしても、オスはかなり**子どもの頃から交尾の練習を始める**が、それはその必要があるからである。

ボノボもチンパンジーも乱婚的である。発情したメスは来る者は拒まず、の精神でオスを受け入れる。つまり、メスの卵の受精をめぐる複数のオスの争いである精子競争が著しく激しいのだ。

となるとオスとしては、まずは生きのいい精子を大量につくることだ。自分の精子で卵を受精させる確率を高めるのである。

そしてもう1つには、**交尾のテクニックを磨き、自分の精子で卵を受精させやすくする**ということだ。

そもそもボノボやチンパンジーほどに精子競争が激しくない人間においても、交尾＝卵の受精を意味しない。女の生殖器は精子に意地悪をする複雑な構造をしており、行き止まりの袋が多数ある狭い管などがある。分泌される液も精子殺しの性質を持っている。

そうして難関をかいくぐって到達した精子にのみ、受精というご褒美を用意する。

常に激しい精子競争が起きているボノボやチンパンジーで、オスの「練習」がいかに大切かは言うまでもないだろう。

※『コンゴ民主共和国ワンバにおけるボノボ研究　ルオー保護区の現状と展望』古市剛史・橋本千絵・伊谷原一・五百部裕・榎本知郎・田代靖子・加納隆至

女はどんな相手にも興奮する

もしかして自分は変態ではないか、と思い悩んできたことがある。

女のヌード写真を美しいと感ずる一方で、まるで異性に対するかのように性的に軽く興奮するのだ。

女に興奮してどうする？　お前は変態で間違いなしだ！

と、心で叫び続けてきた。ところが、その悩みは決して変態的なものではないこと、それどころか女なら誰でもそうなる、ということがわかってしまった。

その恩人は、アメリカ、ノースウェスタン大学のメレディス・L・チバース（女性）とその師であるJ・マイケル・ベイリーだ。ベイリーは同性愛の研究でとても名高い学者である。

2005年に発表されたその論文によると、異性愛者の女と男、それぞれ18人に7種類の性的な動画（市販されている）を見せる。

女と女、男と女、男と男、の性的なふるまいについてそれぞれ2種類の行為がある。女と女なら、クンニと張り型の挿入。男と女なら、クンニとペニスの挿入。男と男なら、フェラチオとアナルへのペニスの挿入である。

合計で6つの動画だ。そして番外編としてボノボの交尾の様子を見せる。どの動画も2分間であるが、ボノボの交尾はそのうちのわずか10秒で終わってしまう。彼らの交尾時間はせいぜいそれくらいだからだ。

さらに比較対象のニュートラルな動画として、単なる風景、またはニホンザルが温泉につかってまったりする様子も用意されていて被験者に見てもらう。

さて、動画を見ている間に、各人がどれほど性的に興奮するのだろう。女の場合には膣に、血流の増加を測定する装置をまるでタンポンのように挿入して測る。血流が増加すると膣を潤す膣液が分泌されるからだ。

男の場合は、とても簡単だ。ペニスの周りに水銀入りのゴムチューブを巻き付け、太さの変化を測定するだけである。

結果ははたしてどうなっただろうか。まずは男から言おう。男はニュートラルにも、ボノボの交尾にもほとんど興奮しない。それは納得できる。

そして男どうしの性的行為にはほんの少しだけ興奮する。

さらに、当然のことながら、男と女の性的行為に大いに興奮するわけだが、驚いたことに、それと同じくらい女と女の性的行為にも興奮するのである。つまり、女さえ絡んでいるのなら、男は大いに興奮できるということらしい。

問題は女である。まずニュートラルにはほとんど反応しない。当然だろう。

そして女と女、男と女、男と男の組み合わせの性的行為だが、女はこのどれに対しても同じ程度に興奮した。

異性愛者なのだから、男と女の場面にもっとも興奮してもよさそうなのに、他の2つのシチュエーションと差がないのである。

そして驚いたことに女は、ボノボの性行為にまでかなり興奮するのである。

さあ、これはいったいどういうことなのか。女はなぜボノボのような、人間と関係のない動物の交尾にまで興奮するのだろう。言ってみれば、誰彼構わず、簡単に性的に興奮できるということだ。

女の場合

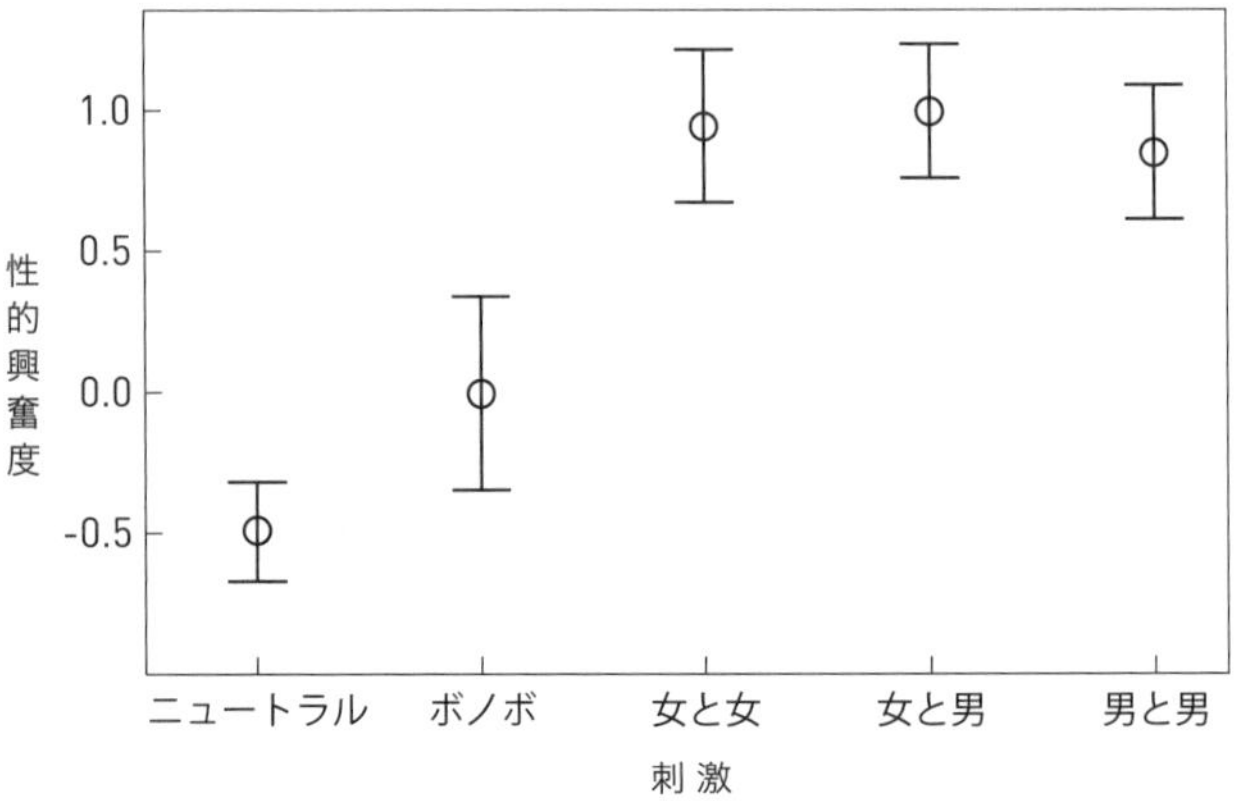

男の場合

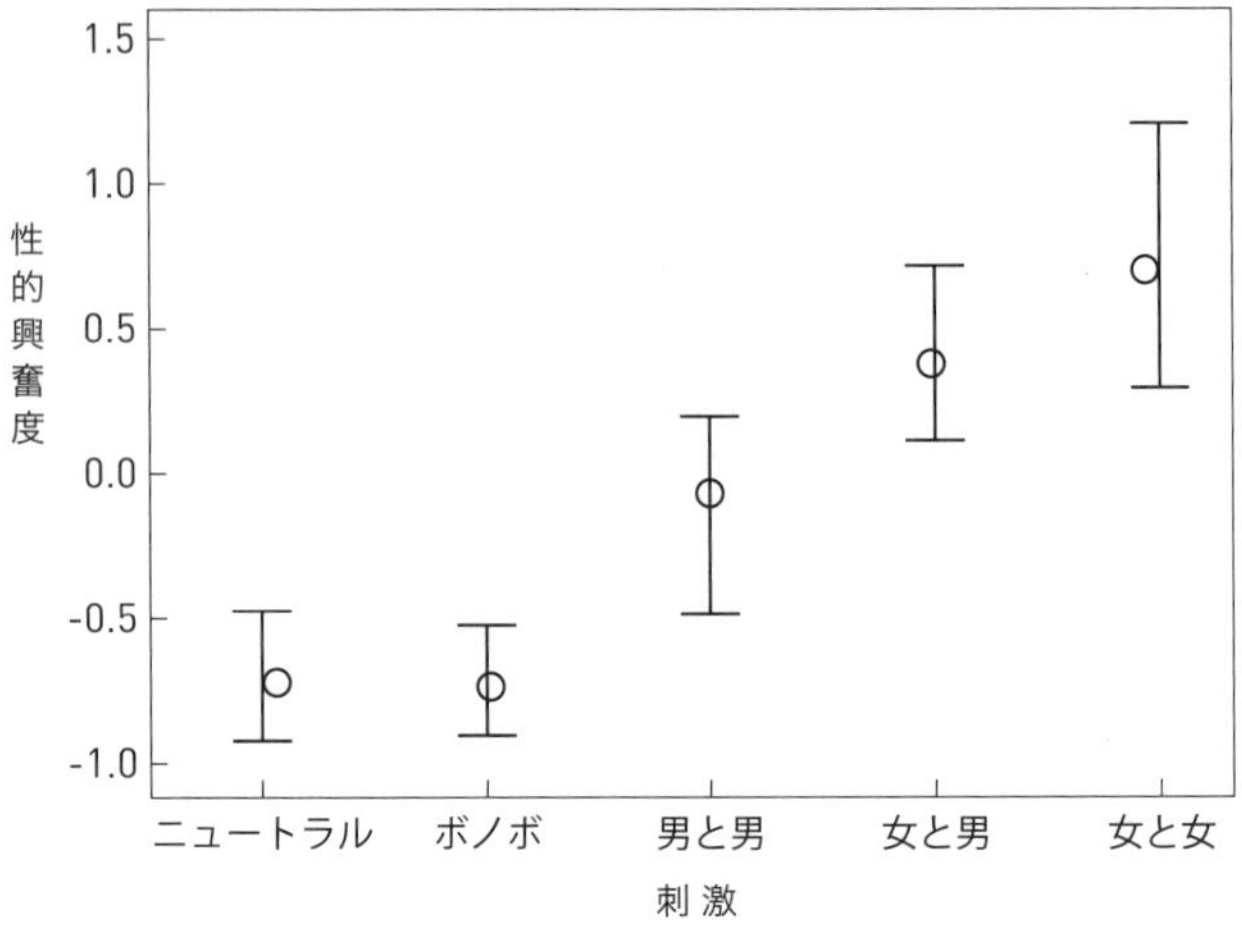

性的興奮度は女（上）と男（下）で異なる。女は性行為には同程度に興奮する。

この件については、この研究よりも10年も前に、チバースが別の研究者とともに、ある仮説を提出している。

即ち、女はレイプされることがある。そのとき**相手が誰であれ、素早く膣を潤さないと、傷つけられるか、感染症をうつされてしまう**。よってボノボという、まずありえない相手に対してさえも性的に興奮するのだろうというのだ。

それどころか、ボノボの動画に対する興奮度が人間どうしほどではなかったのは、彼らの交尾がわずか10秒で終わり、刺激の持続時間が短いからではないかという。フルに2分間交尾する動画であったなら、人間どうしと同じくらい興奮する可能性もあるとのことだ。

こうしてみると**女が相手を問わず性的に興奮するのは、レイプ対策**ということになる。するとこれは、とてつもなく厄介な問題を引き起こしてしまう。

レイプだとして男を訴える女に対し、「いや、お前、興奮していたじゃないか、合意の上だろうが」と男は主張する。今後、法整備が必要になることは確かだが、はたしてどう整備していいものやら、誰にも手をつけられない問題ではないだろうか。

※『A sex difference in features that elicit genital response』Meredith L. Chivers, J. Michael Bailey

ならば、同性愛の女は？

女（異性愛者）は、性的な行為を行っている動画において、それが男どうしでも、男と女でも、女どうしでも、同程度に興奮。たとえボノボの交尾であっても、ある程度性的に興奮する。

それはどんな相手に対しても性的に素早く興奮して、膣を潤わせないと傷を負い、感染症にかかるかもしれないからだ。

では、同性愛の女はどういう反応になるのだろう。メレディス・L・チバースらは、先の研究の2年後の2007年に、女性異性愛者27人、女性同性愛者20人、男性異性愛者27人、男性同性愛者17人を被験者にし、前回と同様の研究をしている。

性的興奮度の測り方は同じだが、見せる動画が少し違う。やはり市販のものなのだが、俳優（または女優）による、

・男どうしのセックス
・男と女のセックス
・女どうしのセックス
・ボノボの交尾

もちろん、比較対照としての比較的人畜無害な動画（裸でエクササイズしている）も見せる。

すると、まず異性愛の男だが、前回の研究と同じで、女どうしのセックスと男と女のセックスにもっとももよく興奮し、そのレベルは同じくらい。男どうしのセックスにはあまり興奮しない。

もちろんボノボのセックスにも興奮しない。

同性愛の男はどうかというと、まず女どうしのセックスにはまったく興奮せず、男と女のセックスだとほんの少しだけ興奮する。そして男どうしだと初めて激しく興奮するのである。

一方が男ではだめで、本当に男と男が絡み合っていないと興奮しないらしい。

異性愛の女はというと、前回とまったく同じで、男どうし、女どうし、そしてもちろん男と女のセックスに同程度に興奮し、ボノボのセックスにもかなり興奮する。

そうすると問題は同性愛の女の場合だ。

まず、男性同性愛者が男どうしのセックスに興奮するのと同様、女性同性愛者は女どうしのセックスにもっとも興奮した。しかし、男性同性愛者と違い、その興奮の度合いは男どうしのセックス、男と女のセックスをやや上回る程度であり、後者の2つのケースでも十分に興奮するということだ。そしてボノボのセックスにもかなり興奮する。

こうして女については、異性愛者であれ、同性愛者であれ、**どんな相手であっても、性的に十分興奮できる**ことがわかった。

考えてもみれば、当たり前のことかもしれな

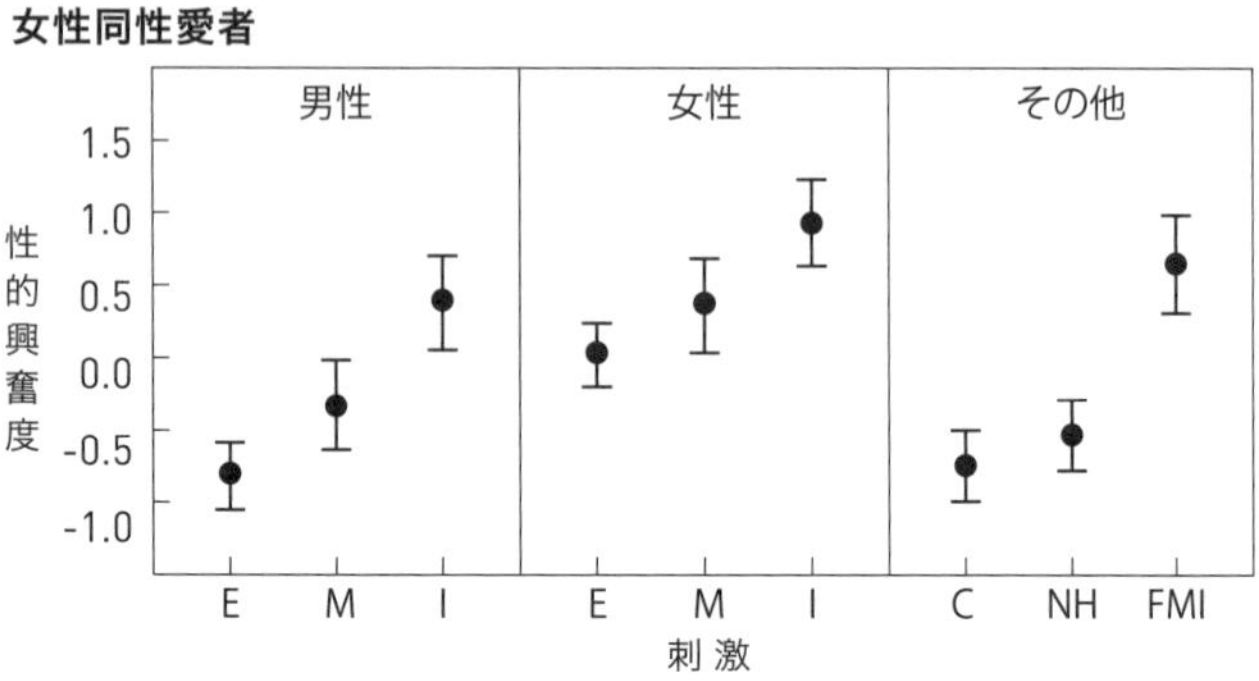

女性同性愛者は、女同士のセックスにもっとも興奮した（E:エクササイズ　M:マスターベーション　I:セックス　C:コントロール　NH:ボノボ　FMI:男女のセックス）。

い。女を見ただけで、彼女が異性愛者か同性愛者かは判別できない。女は女でありさえすれば、常に襲われる可能性があるのである。

となれば襲われた際に膣を傷つけられぬよう、感染症にかからないよう、素早く防御する必要があるのだ。

※『Gender and Sexual Orientation Differences in Sexual Response to Sexual Activities Versus Gender of Actors in Sexual Films』Meredith L. Chivers, Michael C. Seto, Ray Blanchard

同性愛には3つのタイプ

私の見るところ、同性愛行動には3つのタイプがある。1つ目は、異性がいない状況で異性の代わりとして同性ととる性行動。2つ目は挨拶《あいさつ》や、相手の攻撃性を和らげるための同性愛行動。そして3つ目が本当の同性愛行動で、それはほとんど遺伝的である。

1つ目の、異性がいない条件だが、作家の佐藤優氏によれば、拘置所でしてはいけないことの第1に掲げられているのが、同性と性的な接触をすることだという。本当の同性愛者ではなくても、異性がいない極限に近い状態におかれると、かなりの者が代替行動を行うということらしい。

実際、ゴリラのあぶれオスたちは、同性愛行動によって互いに慰めあっている。ゴリラは1頭のオスが複数のメスとその子どもたちを従えてハレムをつくっているので、あぶれたオスたちが集まり、グループをなしているのである。

2つ目の、挨拶や相手の攻撃性をなだめるという件だが、ボノボの集団が対峙《たいじ》したとき、双方の代表者であるオスどうしが尻をくっつけるなどの性行動をとって一件落着となった例は、すでに述べた通りだ。

ボノボのメスどうしが、性皮をこすりつけあうホカホカもすでに見た通りだ。ホカホカによって血縁関係にないメスたちの絆が強まり、オスよりも地位が高くなっている。

似たような行動は人間にもある。ある学者がニューギニアの先住民と出会ったとき、向こうは手を差し伸べてきた。てっきり握手をするのかと、こちらも手を差し出したその瞬間。飛び上がらんばかりの衝撃を受けた。

睾丸をむぎゅっと摑《つか》まれたのだ。これは、「あなたの睾丸を握りつぶそうと思えばできます。でも、つぶすほどには強く握りません。なぜならあなたには敵意がないのだから」という意味だ。

さて、3つ目の本当の意味の同性愛だが、一説には500種以上もの動物で見られる。これらの中には1つ目、2つ目の意味が含められていることが多く、きちんと研究されているのは、ある系統のヒツジである。

その系統のヒツジでは6~8%のオスがオスとのみ交尾し、もしメスが目の前にいてメスを選べる状況であったとしてもオスを選ぶ。

ヒツジの脳にはオスとメスとで大きさに違いのある部分があり、oSDN(ヒツジの性的二型核という意味)と呼ばれるが、ここの大きさが、異性愛のオスで一番大きく、同性愛のオスとメスとが同じくらいの大きさなのだ。

このような発達は胎児期に起きることがわかっている。そこでメスの胎児を、男性ホルモンの代表格であるテストステロンにさらすという実験をしたところ、ｏＳＤＮのサイズを変えることができた。

つまり胎児期にいかにテストステロンにさらされるかによって、ｏＳＤＮの大きさと、性的指向とが影響を受けるわけだ。

人間でｏＳＤＮに相当するのは、ＩＮＡＨ３（前視床下部間質核の第3の亜核）という、やはり男と女で大きさが違う部分だ。調べてみると、異性愛の男がもっとも大きく、同性愛の男と女が同じくらいの大きさである。

人間ではさすがに女の胎児をテストステロンにさらすという実験はできないが、テストステロンにいかにさらされるかによって、ＩＮＡＨ３の大きさと性的指向とが影響を受けるのだろう。

左脳と右脳の大きさも調べられており、男性異性愛者は右が左よりも2～3％大きい。女性同性愛者は右が左より1～2％大きい。

そして女性異性愛者と男性同性愛者は左右の違いがなかった。

左右の脳の発達は、胎児期のホルモン環境によって違い、テストステロンのレベルが高いと右脳が発達することがわかっている。

つまり男性異性愛者と女性同性愛者は胎児期にテストステロンのレベルがとても高かったと考えられる。

また指比も胎児期のホルモン環境の表れだ。指比とは「人差し指の長さ『割る』薬指の長さ」であり、胎児期にテストステロンのレベルが高いと、低い値になる。テストステロンは薬指を伸ばし、人差し指の伸びを抑制する作用があるからだ。

まず指比は、男のほうが女より低い値になる。つまり男では相対的に薬指がより長いのだ。

そして女性同性愛者は女性異性愛者よりも低い値となり、相対的に薬指が長い。つまり、女性同性愛者は、この件からも胎児期にテストステロンレベルがとても高かったであろうことが示される。

こうしてみると、少なくとも言えるのは、男性異性愛者と女性同性愛者は、**胎児期に高いレベルのテストステロンを浴びた人々**であることだ。

さて、同性愛行動にどんな意味があるのだろう。人間の男性同性愛者は男性異性愛者と比べ、子どもを残す確率は5分の1くらいであるという。このように遺伝子を残す競争においてはっきり不利であるにも拘《かか》わらず、時代も文化も問わず、一定の割合、4％存在する。それはなぜなのだろう。

ちなみに女性同性愛者はその半分くらいだ。この件については、女性同性愛者には普通に結婚し、子どもを産んでから、はたと自分の性的アイデンティティに目覚める人が結構多いからではないかと考えるようになった。有名な経済評論家の方のように。

つまりこういうアンケートなどをとられるのはたいてい20〜30代の頃であり、後に同性愛者と認識する女性がまだ、自分は異性愛者と認識している時期。その時点では異性愛者だと答えるわけである。

さて、男性同性愛者は子を残しにくいのに、同性愛に関わる遺伝子がなぜ消滅せずに受け継がれていくのか。

この件に真っ向から挑んだのは、イタリア、パドヴァ大学のアンドレア・カンペリオ＝キアーニらだ。男性同性愛者と男性異性愛者、そしてその血縁者たち、総計で４６００人以上もの人々について、繁殖の状況を調べた。

すると、男性同性愛者では男性異性愛者よりも、母方の女が良く子を産んでおり、父方については差がない。

子の数の平均（人）

- **・男性同性愛者の母**　2・69
- **・男性異性愛者の母**　2・32
- **・男性同性愛者の母方のオバ**　1・98
- **・男性異性愛者の母方のオバ**　1・51

母とオバで値が随分違うのは、母は確実に1人子を産んでいる存在だが、オバについては子を1人も産んでいないケースも結構含まれるからだ。

ともあれ、**男性同性愛者の母方の女はよく子を産む**。男性同性愛者があまり子をなさなくても、母方の女ががんばって子を産む。そのとき**男性同性愛に関わる遺伝子も間接的に残してくれている**わけだ。

また、男性同性愛者の母方の女は女性に特有の病気にかかりにくいことも、その後わかっている。

女がよく子を産むということは、妊娠しやすいということと、ほぼ同じ意味と捉えていいだろう。そして妊娠しやすいことは、イコール、女性ホルモンの代表格のエストラジオールのレベルが高いということだ。

このようにして男性同性愛者の家系ではエストラジオールのレベルが高く、その影響が男性同性愛者の脳の構造と性的指向に影響が及ぶのではないだろうか。

女性同性愛者は男性同性愛者の裏返しではないだろうか。つまりテストステロンのレベルの高い家系に時々現れる女性、と。

かつてこう発言したら、単純に考えるバカみたいな評価をされたが、すでに見てきた通り、女性同性愛者は脳が男性的、指比も男性的であり、胎児期にテストステロンのレベルが高かったという確たる証拠がある。何らただの思いつきではないのである。

※『Evidence for maternally inherited factors favouring male homosexuality and promoting female fecundity』Andrea Camperio-Ciani, Francesca Corna, and Claudio Capiluppi

男は生まれる順が遅いほど同性愛者に

男性同性愛者自身は、ほとんど繁殖しない。それでも彼の持つ、男性同性愛に関わる遺伝子がしっかり伝えられ、残っていくのはなぜか。

その1つの説明として、彼の母方の女、つまり母親、母親の姉または妹（母方オバ）、祖母がよく子を産んでいるから。つまり彼の持つ、男性同性愛に関わる遺伝子を間接的に残しているからだ（カンペリオ＝キアーニらは2008年にも同様の結果を出している）。

このように、自身はあまり繁殖しなくても血縁者が代わりによく繁殖してくれている、というのが同性愛を考える上でポイントとなる。

一方で、母方ではなく父方の人間がよく繁殖することで、男性同性愛者の繁殖分を補っているのではないか、と考える人々もいる。

その1例がアメリカ、ノースウェスタン大学のG・シュワルツらだ。

彼らは2010年、この大学があるシカゴとその周辺の8つのコミュニティから男性異性愛者を集めた。男性同性愛者についてはアメリカとカナダの16のゲイのコミュニティからで、それぞれ894人と694人である。

2つのグループはなるべく、人種、民族、年齢、職業、最終学歴、収入などに差がないようにしている。

そして、この研究によると、肝心なのはファミリー・サイズであり、男性同性愛者では、男性異性愛者よりも、

・父方のオジとオバ

・兄、姉、妹

・甥と姪（父方、母方に関係なく）

それぞれについて数が多かった。

ちなみに母方のオジとオバについては差なし、弟についても差なしだった。

こうしてこれまで指摘されてきた、母方の女がよく繁殖するという証拠はこの研究では得られず、代わりに父方でよく繁殖していて、オジ、オバなどの数が多いということなどがわかったわけである。

また弟以外のキョウダイが多い、特に兄が多いことについては、単にファミリー・サイズが大きいという以外の理由がある。

男は同じ母親から生まれた順が遅いほど、男性同性愛者になりやすいからだ。この件についてはすでにいくつもの研究がなされていて、男性同性愛者となる原因の15～29%を説明するだろうといわれている。

なぜ、男として生まれる順が遅いと男性同性愛者になりやすくなるのか。

それは、免疫的な問題だ。

母親は女である。よって男しか持っていない、性染色体Yを持っていない。このY上にある遺伝子からの産物は異物であるとみなしてしまうのだ（抗原とみなす）。妊娠中は問題にならないが、出産の際、胎児の血液と自身の血液とが混ざり合い、Yの産物に対する抗体ができる。

この抗体は男の子を出産するたびにできる。よって男として出生順の遅い子ほど、**胎児期に多くの抗体からの攻撃を受け、特に脳の、性的指向に関わる部分の発達に影響が現れる**。これが男性同性愛者となる理由の一部であるというのである。

ともあれ、男性同性愛者があまり繁殖しない分を、母方であれ、父方であれ、補っているというのは同性愛のパラドックス、つまり本人があまり繁殖しないというのに、同性愛に関わる遺伝子が消え去らないのか、を解く上での強力な証拠となる。

母方の女性がよく子を産むということは、彼女たちが妊娠しやすいという意味であり、妊娠しやすいのはエストラジオールのレベルが高いということ（エストラジオールは女性ホルモンの代表格）である。

だから私は、男性同性愛者の家系では、男も女もエストラジオールのレベルが高く、女ではよく子を産み、男ではときに同性愛者になる場合もあるが、女の得意分野が得意になるのではないか、と考えた。

お花の先生、編み物の先生、ダンサー、メイクアップアーティスト、デザイナーなど、本来女が好む分野に男性同性愛者が多い印象があるのはこういうことではないか、と思う。

もっとも、男性同性愛者はこういう傾向の人たちばかりではないことは確かで、たとえば超男っぽい男の中にも存在する。エイズで亡くなったアメリカの俳優、ロック・ハドソンは男の中の男と言える存在だった。

こういう場合には、ここで紹介した研究のように、彼の父方の人間がよく繁殖していると考えられるかもしれない。それは男の生殖能力が高いと読みかえることもできる。つまり、精子の質が良く、数も多い。言いかえれば、男性ホルモンの代表格である、テストステロンのレベルが高いのではないだろうか。

※『Biodemographic and Physical Correlates of Sexual Orientation in Men』Gene Schwartz, Rachael M. Kim, Alana B. Kolundzija, Gerulf Rieger, Alan R. Sanders

快感はいかにうまれるか

我々は快感を、セックスはもちろんだが、薬物でも、アルコールでも、たばこ、食べ物、ギャンブル、そしてランナーズ・ハイと言われるようにかなりきつい運動でも、逆にじっとして瞑想《めいそう》しても、他人に褒められても、他者よりも多くの報酬をもらったときにも得られる。極め付きは慈善行為であり、人に知られないよう寄付とかをしても快感が得られるのだという。

『快感回路　なぜ気持ちいいのか　なぜやめられないのか』（デイヴィッド・リンデン著、岩坂彰訳、河出書房新社）によると、快感の中枢は脳の腹側被蓋野《ふくそくひがいや》（ＶＴＡ）と呼ばれる、起源の古い領域である。

リンデンはジョンズ・ホプキンス大学の神経科学者だが、この本の中で、「ＶＴＡにおける、ドーパミン作動性ニューロンの活発化」という言葉を多用する。

このニューロンが前頭前皮質や扁桃体《へんとうたい》、海馬《かいば》といった領域にもドーパミン、つまり快楽の中心となる神経伝達物質を放出するルートを伸ばしているし、これらも互いに連携しあっている。そしてＶＴＡに興奮性の信号を送る領域もあれば、抑制性の信号を送る領域もある。

しかしともあれ、**快感とは、ＶＴＡにおいてドーパミン作動性のニューロンが活発化すること**だということ、その活発化の原因がセックスや薬物、食べ物、ギャンブルなどだと捉えておけば事足りると私は考えている。

快感は単なる快感から、それがないと我慢できない、渇望するという状態に移行することがある。これが依存症だ。これまでに挙げた例すべてにおいて依存症に陥る危険性がある。

セックスも薬物も、アルコールも、食べ物も、ギャンブルも、そして運動さえもだ。

そこでどういう人がより依存症になりやすいのか、ということで、ドーパミン受容体遺伝子の型に注目した研究がある。

ドーパミンに限らず、神経伝達物質は、それ自体では何の働きもしない。受容体にくっついて初めて作用を発揮する。そこで受容体の型が問題になるわけだ。

ドーパミン受容体遺伝子にはいくつもの種類があるが、依存症との関係が調べられているのは、D2

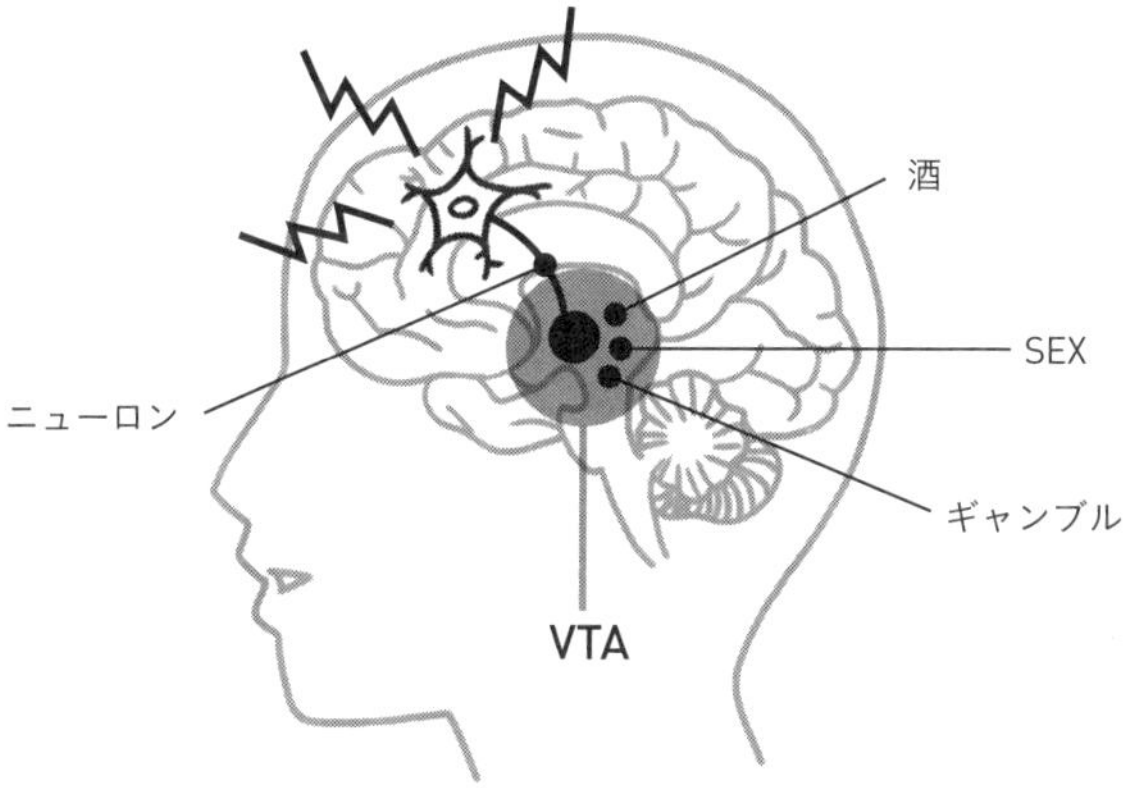

という種類だ。ＤＲＤ２遺伝子と表現することもある。

ＤＲＤ２遺伝子には、Ｔａ１Ａという遺伝子にさまざまなタイプがある領域があるのだが、そこにＡ１という遺伝子を１つでも持っているか、まったく持っていないかで、依存症になりやすさが違ってくる。１つでも持っているとなりやすいのだ。

具体的には、ＤＲＤ２受容体の密度が低くなり、ドーパミンの作用がなかなか現れない。そこで「もっとドーパミンを！」ということで、薬物摂取やギャンブルなど、ドーパミンの放出を促す行動をとりたくなる。これが依存症へとつながるわけである。

浮気と遺伝子の関係

１９９０年代前半のこと、遺伝子と行動との関係が見事に対応する研究が現れ、大騒動になった。そのような研究は初めてのことだったからである。それは、**新奇探求性についての遺伝子**で、ドーパミン受容体遺伝子Ｄ４のタイプとの相関だ。

ドーパミン受容体遺伝子についてはすでにＤ２というタイプと依存症との関係を紹介したが、それ以前の研究だ。その研究を発展させたのがシンガポール国立大学のＲ・Ｐ・エブスタインとＯ・ノヴィックらによる。１９９６年のことだ。

ドーパミン受容体遺伝子Ｄ４は、常染色体上にあるが、ある部分に繰り返し構造が存在する。人によって2回から11回までありうるが、4回が圧倒的に多く、次に多いのが２回、その次が7回である。日本人など、アジア系は特に4回が多い。

そして、**7回の繰り返しを1つでも持っている人は**（1つというのは、2つある対立遺伝子のうちの1つという意味）、**新しいものが好き**だというのである。

その本質は、繰り返し回数が多いと感度のよくないドーパミン受容体しかつくられないという点だ。感度が鈍いので快感回路の活性化が足りない。そこで**もっとドーパミンを分泌させようと、ワクワクドキドキする新しいものを欲する**というわけである。

翌１９９７年には、イスラエル、ネゲヴのベン＝グリオン大学のＭ・コトラーとＨ・コーエンらが、やはりドーパミン受容体遺伝子Ｄ４の繰り返し構造と、ヘロイン依存症との関係を探る研究を行った。

するとA、繰り返し回数が2回と4回についてはヘロイン依存症とは無関係だった。しかしヘロイン依存症の患者においては、7回の繰り返し構造を1つでも持っているケースがそうでない人々よりも有意に多かった。

これもまた、ドーパミン受容体遺伝子D4からつくられるドーパミン受容体の感度がよくないので、快感回路があまり活性化しない。よってもっと活性化すべく、ヘロインのような薬物を欲してしまい、そのうちに依存症になったということだろう。

さて、1999年になると、ドイツ、ドレスデン大学のA・ストロベルとA・ベーアらが、1996年のエブスタインらと似た研究を行い、4、4（4回繰り返しの遺伝子を2つ持つ）と4、7（4回繰り返しと7回繰り返しの遺伝子を持つ）を比較し、後者の7回の繰り返し構造を1つでも持っていると、新しいもの好きであるという相関を見出した。だがこのとき、もっととんでもなく強い相関のある性質を見つけている。

それは「浪費」だ。この遺伝子の型を1つでも持っていれば、浪費家になると言い切ってしまってもいいくらいなのだ。

２０１０年には性行動との関連を探る研究が現れた。それはそうだろう、ドーパミン受容体遺伝子Ｄ４の繰り返し構造の繰り返し回数が新しいもの好きに関連しているとすれば、性行動についても新しいもの好き、つまりはパートナーがいても浮気しやすいとか、一夜限りの相手と関係を持ちやすかったとしても不思議ではない。

研究したのは、アメリカ、ニューヨークのビンガントン大学のジャスティン・Ｒ・ガルシアらで、被験者を7回以上の繰り返し回数を1つでも持っているグループ（これを「７Ｒ＋」と呼ぶ）と、7回以上の繰り返しを持たないグループ（７Ｒ－）に分けた。

するとまず、一夜限りの関係を持ったのは「７Ｒ＋」では45％であるのに対し、「７Ｒ－」では24％。

浮気をしたことがあるのは「７Ｒ＋」で50％であるのに対し、「７Ｒ－」では22％。

浮気相手の人数となると、「７Ｒ＋」で1・79人であるのに対し、「７Ｒ－」では1・14人だった。

このように見てくると、たとえば「７Ｒ＋」の人は絶対浮気するというわけではなく、約半数が浮気する。遺伝子は絶対にそうさせるほどの力は持っていない。

しかしこの値を「７Ｒ－」の22％と比較するとどうだろう。2倍以上もそうさせる力があるのだ。遺伝子の持つ力とはそういうことだと理解していただきたい。

何から何まで遺伝子が決めるなんておかしい、「遺伝子決定論」だ、と批判する人がよくいるが、そういう方には今見た例などを知ってほしい（あるいは教えてあげてほしい）。

遺伝子には何から何まで決める力はない。けれどもその遺伝子を持たない場合よりも、**強力に何かをさせる働きはある**のである。

そして2015年には、1996年にドーパミン受容体遺伝子D4の型と新しいもの好きの傾向について研究した、R・P・エブスタインらが、政治思想（保守かリベラルか）との関係について調べている。国立シンガポール大学の学生が被験者で、漢民族だ。アジア系なので4回の繰り返し構造を持つ者が多い。

各人は1（非常に保守的）から5（非常にリベラル）までの5段階評価を自分で下す。すると、たぶんもう察しはついておられるだろうが、4回の繰り返しの遺伝子を2つ持つ者に保守の傾向が強かった。

しかも女は男よりもそもそも保守の傾向があるが、4回の繰り返しとの相関もより強かったのである。

※『Excess dopamine D4 receptor (D4DR) exon III seven repeat allele in opioid-dependent subjects』 M. Kotler, H. Cohen, R. Segman, I. Gritsenko, L. Nemanov, B. Lerer, I. Kramer, M. Zer-Zion, I. Kletz, R.P. Ebstein

※『Association between the dopamine D4 receptor (DRD4) exon III polymorphism and measures of Novelty Seeking in a German population』 A Strobel, A Wehr, A Michel and B Brocke

※『Associations between Dopamine D4 Receptor Gene Variation with Both Infidelity and Sexual Promiscuity』 Justin R. Garcia, James MacKillop, Edward L. Aller, Ann M. Merriwether, David Sloan Wilson, J. Koji Lum

※『Association between the dopamine D4 receptor gene exon III variable number of tandem repeats and political attitudes in female Han Chinese』 Richard P. Ebstein, Mikhail V. Monakhov, Yunfeng Lu, Yushi Jiang, Poh San Lai and Soo Hong Chew

遺伝子こそ浮気を誘発する

オキシトシンについては愛情ホルモン、幸せホルモンと盛んに言われ馴染《なじ》み深いが、バソプレシンについてはあまり知られていない。

バソプレシンは9個のアミノ酸が連なっているペプチドホルモンだ。アミノ酸がずらずらとつながったものは普通、タンパク質と呼ばれるが、この程度の少ない数のアミノ酸がつながっている場合にはペプチドと言う。

そしてオキシトシンも9個のアミノ酸がつながっているペプチドホルモンだが、バソプレシンとはそのうちの2個が違うだけである。

オキシトシンは主に女で、女性ホルモンとセットとなって働くが、バソプレシンは主に男で、男性ホルモンとセットとなって働く特徴がある。

その際、バソプレシンは相手といかに絆を築くかという点に関わっている。

バソプレシンもまた、受容体にくっついて初めて作用を現す。よって受容体の型が、作用の現れ具合に影響を及ぼすというわけだ。

ここでは3種類あるバソプレシン受容体のうちの1つ、V1aに注目し、受容体遺伝子の型による作用の違いを見てみよう。

2008年のこと、スウェーデン、カロリンスカ研究所のH・ワルムらは552組の男の双子とそのパートナー（5年以上同居している）について調べている。

男の場合には、バソプレシン受容体V1a遺伝子を調べると、そのRS3という領域に334という対立遺伝子をいくつ持つかで、パートナーの女性との関係に違いが出た。

まず、ペアボンド（ペアの絆）の強さについて、さまざまな質問項目に対し、5から66までの段階でどの程度かを答えてもらう。

すると334対立遺伝子を、

・**持っていない**　48・0
・**1つ持つ**　46・3
・**2つ持つ**　45・5

であり、有意な差があった。334対立遺伝子を持つほど、パートナーとの絆が弱いのだ。

ずばり、過去1年間に離婚の危機があったかという問いには、

・**持っていない**　15％
・**1つ持つ**　16％
・**2つ持つ**　34％

と、2つ持つとそうでない場合よりも2倍以上になる。おそらく男が浮気などし、家庭内に波風が立つことが多かったということなのだろう。

さらに結婚している割合と、同居しているだけの割合となると、こうだ。

結婚しているのは、

・**持っていない**　83％
・**1つ持つ**　84％
・**2つ持つ**　68％

同居率は、

・**持っていない**　17％
・**1つ持つ**　16％

・2つ持つ　32％

334対立遺伝子を2つ持つと、そもそもパートナーとの絆が弱いと感じており、浮気はよくするわ、正式に結婚することもしぶるわ、同居に留めておくなど、**とにかくフリーな状態を好む**ということらしい。

※『Genetic variation in the vasopressin receptor 1a gene（AVPR1A）associates with pair-bonding behavior in humans』Hasse Walum, Lars Westberg, Susanne Henningsson, Jenae M. Neiderhiser, David Reiss, Wilmar Igl, Jody M. Ganiban, Erica L. Spotts, Nancy L. Pedersen, Elias Eriksson, Paul Lichtenstein

第4章

モテ親父とセクハラ親父の悲しい境界線

セクハラやり放題でもお咎めなし

動物行動学者である我が師、日高敏隆《ひだかとしたか》先生は、今の時代なら間違いなく、「一発アウト」の「セクハラ大学教授」である。パワハラ、アカハラ（アカデミック・ハラスメント）にも相当するかもしれない。

私が日高研究室に所属していたのは、1980年代の初めから半ばにかけてだが、とにかく先生は女子学生であるなら、誰彼構わず、我がものにしようとする。彼氏がいようが、いまいがお構いなしだ。

あるとき私があまりの暑さに、普段は着ないノースリーブの服を着ていたら、なめ回すように観察された。挙句、「君は腕がきれいだ」。後でわかったことだが、家庭では「久美子は髪がきれいだ」と言っていたそうだ。

これくらいはまだ許容範囲なのだが、困るのは露骨に誘われることだ。

私はいかにその誘いをかわし、かつ先生の怒りを買わないようにするかで、とても悩んでいた。ほとんどの女子学生が同様の悩みを抱えていただろう。ここまでだけでも今なら一発アウトである。

しかし、そうした誘いになびいた女子学生は特別に優遇される。

毎日のように夕食をともにし、海外の学会には先生のポケットマネーで出席させてもらえる。それくらいはいいとしよう。

どうしても許せないのは、研究の予算配分で露骨なまでに優遇するという、公私混同ぶりだ。

さらには私が問題の女子学生といっしょに何かをすると、先生の耳に悪口を吹きこまれてしまう。

あるとき私は、Xさん（ということにしよう）といっしょにネズミの飼育部屋の掃除をし、2人して、まあこんなものでいいんじゃない、というゴミの出し方をした。その出し方がよくなかったらしく、たまたまXさんが用務員のおじさんから注意を受けた。

すると先生は真っ赤な顔をして私のところにすっ飛んできた。

「悪いのは君なのに、Xさんがおじさんに叱られた。悪いのは君なのに……」

先生、いい加減にしてくださいよ、と思った。

こんなことが重なるうちに我慢の限界となり、直接対決をすることとなった。

「公私混同はやめてください！」

「そんなこと、君に言われる筋合いはない！」

「筋合いはない、なんてことないです。大ありです！」

「そういえば、○○君も同じようなことを言っていたな」

「そうですよ、当然です！」

こんな押し問答を1時間くらい繰り返したが、先生は頑として認めなかった。そこで私は呆《あき》れるとともに、感心してしまったのだ。

「大した人間だ、日高敏隆って人は」

日高先生が京都大学を退官されたのは1993年3月である。驚いたことに、まるで先生が退官するチャンスを見計らったかのようにその年、学内に「セクハラ調査委員会」が設立された。大学から去って随分時がたっていた私の元へもアンケートが回ってきた。

当時の私は、先生はつくづくラッキーだと単純に考えていたが、調べてみるとこんな事実がわかった。

日本でセクハラなる言葉が登場し、初めてのセクハラ裁判が始まったのが1989年。福岡の出版社に勤める女性編集者が、男性編集長を訴え、ほぼ全面勝訴を勝ち取ったのが1992年なのだ。93年に京都大学にセクハラ調査委員会ができたのはこの裁判結果によるものだったのである。

そうすると不思議なのは、これほどまでに露骨なセクハラを行いながらも、なぜ我が師は訴えられなかったのだろうということだ。もちろん時代がまだ追いついていなかったということもあるが、誰一人としてマスコミにリークすることさえしなかった。

それはひとえに先生の努力にある。日高先生は、女子学生はもちろんのこと、男子学生に対しても、これ以上はないというほどの世話をやき、面倒を見るのである。

研究上、就職上、あらゆる局面で皆が世話になっている。だから、先生が失脚でもしようものなら、誰もが困ってしまうのである。

今や日高先生のような行為は一発でアウト。大学や職場などでいくら学生や部下の面倒を見ようが許されるものではないだろう。しかしセクハラとみなされるかどうかの微妙なケースにおいては、**その人の人物としての価値や器量の大きさがものを言う**のではないだろうか。

アフリカ、東南アジア、沖縄の男は働かない？

ちゃんとした研究があるわけではないが、どうやら熱い地域の男は働かず、代わりに女が働き者で、家事も子育てもすべてこなしてしまうようである。

誰だったか忘れたが、「アフリカは女が農業をやっている大陸だ」と言った人がいる。

ここで言うアフリカとは、サハラ以南のアフリカ。サハラ砂漠とその北の地中海沿岸にはアラブ人がすみ、アラブ人はニグロイドではない。

つまり、サハラ以南の、ニグロイドがすむアフリカでは男は働かず、ぶらぶらしている。片や女は農業をして家族を養う。そればかりか、家事、育児などもこなす。おそらく自分の母親など、血縁のある女の協力を得ているだろう。

同じようなことは東南アジアにも言える。私が知っているのは、インドネシア男性と結婚した、ある日本人女性だ。

この女性、インドネシアに旅し、現地のホテルで働く、ちょっといい男と懇意となった。彼には妻も子どももいたが、何しろ妻は4人までOKとされる国なので、第二夫人となり、子を産んだ。

そして仕事をみつけ、働き始めたところ、何とこの男、ホテルの仕事をあっさりやめてしまったのである。女が稼いでくれるなら、働く必要がないというわけだ。

日本でも沖縄の男は働かない、と言われる。NHKの連続テレビ小説、「ちゅらさん」の主人公の両親がまさにそのように描かれていた。

もともとは離島で民宿を営んでいたが、那覇に引っ越し、父親はタクシーの運転手に、母親は生鮮市場で働き始める。

ところがこの父親、タクシーの仕事は開店休業状態。車を路肩に止めて昼寝三昧《ざんまい》だ。夜になると、酒を飲み、三線《さんしん》を弾いては沖縄民謡を歌う。

片や母親は市場で朝早くから働くこと、働くこと。

なぜ熱い地域で男は働かず、女が働くのか。熱い地方とはどういう意味なのだろう。

ここで文化人類学の研究が登場する。有名なアメリカの文化人類学者、ジョージ・マードックが提案した世界の180を超える文化人類学的部族の、婚姻形態が調べられた。すると赤道に近く、高温多湿の地域の部族ほど、一夫多妻がよく行われていることがわかったのである。

一夫多妻というと我々は、稼ぎのいい男の元に複数の女が集まって来る印象を抱きがちだが、そうではない。高温多湿の地域では稼ぎではなく、特定の男に女の人気が集まり勝ちであるというのである。

人気とはどういう意味だろう。

ポイントとなるのは、高温多湿ということだ。高温多湿であると、バクテリア、ウイルス、寄生虫が蔓延《まんえん》している。つまりそれらの寄生者《パラサイト》にいかに強いかが、他のどんな要素、たとえば稼ぎがいいとか、子の面倒をよく見てくれるとかよりもはるかに重要になってくる。いくら稼ぎがよくても、子の面倒を見てくれても、寄生者に弱い男の子どもは、寄生者にやられ、あっという間に死んでしまう。女は男に、**ひたすら寄生者に強いこと**、つまりはそれらと戦う力である、**免疫力が高いことを期待する**のである。

ではどうやって免疫力の高さを見抜くのか?

その手掛かりこそが、男としての魅力、つまりはルックスがいい、声がいい、スポーツや音楽が得意である、などといったことなのだ(詳しくは拙著『シンメトリーな男』新潮文庫を参照)。

人気があるとは、これらの魅力にあふれているということである。

高温多湿の地域でなくても、女は、男のミュージシャンやスポーツ選手、俳優、歌手などにキャーキャー言うが、それは彼の免疫力を、ただ本能的に評価しており、できればお近づきになって遺伝子だけもらいたいと思っているからである。

そこまでハイレベルでなくとも、中学生の頃に、クラスで一番モテる男の子はスポーツができる子、バスケ部やサッカー部のキャプテンだったりするわけだが、それは彼の免疫力を、そうとは知らず、ただカッコいいという感覚から、女の子が評価しているのである。

高温多湿の地域では女が男に非常に高い免疫力を求める。**免疫力の高さの手掛かりが、男としての魅力、つまりルックスや声のよさ、スポーツ、音楽などの能力の高さ**にある。

となれば、高温多湿の地域の男はそれらの分野で非常に高いレベルに達していると考えられる。実際、オリンピックの陸上競技や、アメリカやヨーロッパにおけるプロスポーツの世界でのアフリカ勢の活躍ぶりを見れば、それは一目瞭然《りょうぜん》だろう。音楽の分野もそうだ。アフリカ、東南アジア、沖縄などの男は働かないし、子育ても手伝わないが、その分、女たちからとても厳しく選ばれている。あぶれる男も多いし、夫婦になったとしても浮気によって他の男の子どもを〝托卵〟されるかもしれない。いい思いをするのはごく一部の男だけなのである。

※『Human Nature』（Laura Betzig編, Oxford University Press 1997）

尾羽の長いツバメのオスはなぜモテる？

ツバメのオスの尾羽はメスよりも随分と長い。尾羽というのは、尾を広げた場合に一番外側にある、針金のようにぴんと伸びた部分のことだ。

この尾羽の長さがメスにモテるかどうかの分かれ目となる。鳥の研究で名高い、A・P・メラーはこんな実験をしている。

アフリカの越冬地からヨーロッパへ帰ってきたばかりで、縄張りは構えているがまだメスを確保できていないオスを多数捕まえる。

そして一部のオスでは尾羽の途中を2センチほど切り出し、残りを接着剤でくっつけ、尾羽を短くする。

その切り出した2センチは別のオスたちの途中を切断し、間に入れ、やはり接着剤でくっつけ、尾羽を長くする。

そしてまた別のオスたちは、尾羽を2センチ切り出されるが、すぐに元通りに接着剤でくっつけ、長さは変えない。

こうして尾羽の長いグループ、短いグループ、普通のグループをつくる。普通のグループでも尾羽をいったん切り出したのは、尾羽を切るという条件を3つのグループで揃《そろ》えるためである。

さて、オスたちは元の縄張りに戻されるが、尾羽の長さの威力は絶大だ。長いグループではその日のうちか、せいぜい2〜3日で相手が見つかる。

普通の長さのグループでは1週間くらいで、そして短いグループでは1週間たっても相手が見つからない者が大半。だいたい2週間かかり、中には相手は見つからず仕舞いの者さえいた。

これは繁殖相手を見つける際の話だが、これで話は終わらない。鳥では浮気が重要な繁殖戦略になるからだ。しかも浮気においては、オスにとって、ただの繁殖相手を見つけるよりもハードルが高くなる。

どんな長さの尾羽を持つオスも、等しく浮気の意欲は持っている。しかしメスが浮気に応じてくれるのは、尾羽の長いオスのみ。しかもそれは、メスが置かれている状況によっても違う。

尾羽の長いオスを亭主にしているメスは、どんな

オスがやって来ようとも浮気の誘いに応じない。尾羽の長いオスが来てもその態度に変わりはない。

尾羽が普通の長さのオスを亭主にしているメスは、たまに浮気する。尾羽の長いオスが5～6羽やって来たうちの1回くらいだ。

そして尾羽が短いオスを亭主にしているメスは、尾羽が長いオスがやって来たら、必ず浮気するのである。

浮気というリスクを冒すからにはそれ相応の見返りがなければならない。尾羽の長いオスを亭主にしているメスにとってはリスクを冒してまで、尾羽の長いオスと浮気する必要はないというわけである。

では、ツバメのオスの尾羽の長さとは、いったい何を意味するのか。どうして魅力となっているのだろう。

同じくメラーはこんな実験をしている。この場合の尾羽の長さはもともとの長さであり、人工的なものではない。

メスが卵を産みつつある巣に、ダニを50匹ずつ投入し、その後ダニの数がどうなるかを調べる。50匹のダニというのは普通はありえない、とんでもない数である。

すると、オスの尾羽の長さによって巣にはびこるダニの数に驚くべき差が現れた。

たとえば父親の尾羽の長さと、ヒナ1羽にとりつくダニの数だが、ふ化後7日目ではこんな具合だった。

父親の尾羽の長さ	1羽につくダニの数
・10センチ以下	30～100匹
・約11センチ	5～50匹
・12センチ以上	せいぜい5匹

いかがだろう。父親の尾羽が長いと、ヒナはダニの増殖をほとんど抑え込むことができている。短いとほとんどお手上げ状態であり、普通だとそこそこ増殖を抑え込んでいる。

つまり、**オスの尾羽の長さとは彼の寄生虫に対抗する力、つまりは免疫力を如実に表す手掛かり**というわけなのだ。となればメスが大いに問題にするのもうなずけるだろう。

尾羽の長いオスの子どもは父から高い免疫力を受け継ぐ。となれば、寿命自体も長いのではないかということになり、メラーは調べている。

それによると、父親の尾羽が10センチ以下だと、寿命は平均で1年程度、11センチで

1・5年程度、11・5センチで2年程度と、どんどん伸びていくのである。

※『Viability costs of male tail ornaments in a swallow』Anders Pape Mφller

※『Immunocompetence, ornamentation, and viability of male barn swallows (Hirundo rustica)』Nicola Saino, Anna Maria Bolzern, Anders Pape Mφller

※『Male ornament size as a reliable cue to enhanced offspring viability in the barn swallow』Anders Pape Mφller

結婚すると男は太る

結婚すると男は急に太り出す。それは奥さんにきっちり3食食べさせられるからだ。

こういうもっともらしい説明を男から聞かされたことがある。

確かに男は結婚すると太る傾向がある。しかしそれは3食しっかり食べるからではない。男の生理状態が変化するからだ。

アメリカの空軍士官についての研究によれば、男の**テストステロンのレベルは結婚すると下がる**。テストステロンは男性ホルモンの代表格で、男の魅力や攻撃性に関わっているが、同時に脂肪を燃やし、筋肉質の体をつくる働きがある。

つまり結婚すると、**他の男との女をめぐる競争が一段落する**のでテストステロンのレベルが下がる。その二次的な結果として脂肪が燃えにくくなり、太るのではないだろうか。

そのようなわけで離婚し、独身となって新しい相手を見つける必要に迫られると、テストステロンのレベルが今度は上昇に転ずるわけである。

同じように子ができても男は太るはずである。事実、子ができるとテストステロンのレベルが下がるという研究があるのだ。

それはアメリカ、ノースウェスタン大学のクリストファー・クザワとリー・ゲットラーが行った。彼らはフィリピンのセブ市郊外にすむ若者624人について、唾液《だえき》のサンプルからテストステロンのレベルを測定した。

2005年と09年に行った調査を比較したのである。前者では平均年齢は22歳、後者では26歳だった。

まず、この4年の間にすべての男のテストステロン・レベルは下がった。テストステロン・レベルは10代後半から20代前半にピークがあり、以降はなだらかに下がっていく。よってそれは当然なのだが、この間に結婚したか、子が産まれたかによって随分下がり方に差があった。

男は4グループに分けられる。
・2005年当時にすでに結婚していて子もいるし、09年も同様である。
・2005年に独身で、09年も独身である。
・2005年には独身で、09年には結婚しているが、子はまだいない。
・2005年には独身だが、09年には結婚していて、最近子が生まれた。
すると最後の、2005年には独身で09年には結婚しており、最近子が生まれたというグループがテストステロン・レベルがもっとも下がった。ずっと独身である男のグループと比べると、2倍以上もレベルが下がっているのだ。

こうして男は、子が生まれるとテストステロン・レベルがぐんと下がることがわかる。そしてそれは、太るということでもあるだろう。

ちなみに2005年当時には、結婚していて子もいるというグループのテストステロン・レベルがもっとも低い。これは予想通りだ。

しかし、このときにもっともレベルが高いのが、09年には結婚していて子が生まれたばかりという、テストステロン・レベルがもっとも下がるグループだ。テストステロン・レベルが高いとよくパートナーを見つけ、子も生まれやすいということらしい。

※『テストステロン 愛と暴力のホルモン』（ジェイムズ・M・ダブス＋メアリー・ダブス著、北村美都穂訳、青土社）

男はなぜ女のおっぱいを揉みたがるのか

男は女のおっぱいを見るだけでは満足せず、つい揉《も》みたくなってしまう。なぜだろう？何でもないようなことに思われるが、多くの男がそう熱望しているのなら、それはとても大きな意味を持っていると考えなければならない。

そもそも人間の女のおっぱいが、哺乳類として異例の存在であることを知っておられるだろうか。

哺乳類のメスのおっぱいはいつも膨らんでいるわけではない。妊娠してから膨らみ始め、子が乳離れすれば、またしぼむ。

ところが人間の女のおっぱいは膨らみっぱなしだ。これは人間の女が、いつでも発情しており、ほぼいつでも交尾可能だということを示す信号なのである。

イギリスの動物行動学者、デズモンド・モリスによれば、普通はお尻にある性的信号が、人間では体の前面に移った。それがおっぱいであり、対面交尾をするためだ。そしておっぱいがいつも膨らんでいて、ほぼいつでも交尾できるのは、子殺しを防ぐためだと多くの人々が考えている。

哺乳類のメスは普通、子に授乳している限り、発情しないし、排卵も起きない。よってオスはどうしても交尾することができないし、交尾したとしても、排卵が起きていないので子はできない。

そこでどうするかというと、今乳を飲んでいる子を殺すのである。子を殺されたメスは、数日か2週間のうちに再び発情し、排卵も起き、我が子を殺したオスを受け入れるようになる。

ところが人間の女は、授乳中でも発情していて、男を受け入れることができる。しかし排卵は起きておらず、その男の子を妊娠することはない。そしてもともと発情しているのだから、子を殺されずにすむのである。

これぞ人間の女が、哺乳類史上初めて達成したトリックなのだ。

では、いつも膨らんでいるおっぱいはどんな信号を発しているのだろうか。そんなの決まっているでしょう、大きいおっぱいはお乳がよく出るという信号以外の何物でもない、と。

このような観点から1980年代に多くの学者が研究してみたのだが、大きなおっぱいはお乳を多く出すという結論は1つとしてひきだされることはなかった。

実は、お乳は太ももとお尻の脂肪を原料としてつくられ、おっぱいは関係ないのである。太ももとお尻が立派な女なら、たとえ貧乳であってもお乳は十分に出て来るというわけだ。

そうすると、男がおっぱいにこだわり、特に揉むことにはどんな意味があるのか。おそらく揉んでみて初めてわかる情報というものが、あるのではないだろうか。

そこで参考になるのは、左右のおっぱいのシンメトリーである。

研究はアメリカとスペインで行われた。前者はあまり母乳を与えない地域、後者は母乳がメインの地域という意味である。

おっぱいのシンメトリーの測り方だが、アメリカでは写真をとり、鎖骨と鎖骨の間の窪《くぼ》みから両乳首までの長さを比較。スペインではみぞおちの少し上から、左右のおっぱいに沿って外側の端まで実際に測定する。

すると、アメリカとスペインで同じ結果が現れた。つまり授乳によってシンメトリーに影響は現れない。

おっぱいがシンメトリーな女は、よく子を産んでいるのである。また若くして最初の子を産んでいる傾向もあった。

さらにはおっぱいに弾力があると、おっぱいがシンメトリーであるという傾向も、弱いながらも現れた。

つまりこうして見ると、男が女のおっぱいを揉むのは、無意識のうちに**左右のおっぱいのシンメトリー度を探っているの**ではないだろうか。その際、弾力からもシンメトリー度が類推できる。

体がシンメトリーに発達していることがなぜそんなに大切なのかと思われるだろう。実は、体は本来、シンメトリーに発達するようプログラムされているが、さまざまな要因によってなかなか完璧《かんぺき》には発達していない。その要因の中で最大の者が、バクテリア、ウイルス、寄生虫などの病原体だ。

体が完全なシンメトリーに近い発達をしている人は、それらの**病原体にやられていないか**、やられたとしても軽症で済んだということであり、**免疫力が高いことを意味するの**である。

男はおっぱいを揉むことによって、シンメトリーなおっぱいを無意識のうちに探し、よく子を産む女を選び、ひいては免疫力の高い女を選んでいるのである。

※『Breast Asymmetry, Sexual Selection, and Human Reproductive Success』Anders Pape Møller, Manuel Soler, Randy Thornhill

男は身長が高い、女は身長が低いと子が多い

男は、身長が高いと子が多いという研究がある。

ポーランド、ヴロツワフ大学のB・ポロウスキーらは、1983～89年にヴロツワフの病院で健康診断を受けた、25～60歳の健康な男性、4419人について、1人でも子があるかどうかに分類。身長と比較した。

すると、20代、30代、40代のいずれにおいても、子がいるグループのほうが、子がいないグループよりも身長が高かった。身長が高いと子が多いと言えるのだ。ところが50代ではその違いは見られなかった。なぜだろう？考えてもみれば、１９８０年代に50代というのは、１９２０〜30年代生まれということであり、第二次世界大戦で同世代の男がかなり命を落としている。よってこの世代は男不足で、身長が低くても婚姻に影響が出ないというわけなのだ。

２００２年には、イギリス、ミルトン・キーンズのオープン大学のＤ・ネトルが、身長と子の数ではなく、身長と結婚回数との間に相関を見出した。イギリスの男の身長の平均は１・77メートルだが、結婚回数が多く、繁殖に成功していると言える男の身長の平均は１・83メートルだった。平均よりやや高いというポジションがもっとも成功するのである。

これはある程度予想できることで、身長がそこそこ高い男はモテる。**身長は男の魅力となる**からだ。

なぜ魅力になるかと言えば1つには、身長を伸ばすことには男性ホルモンの代表格である、テストステロンが関わるからなのだろう。

ネトルは女の身長と繁殖成功の関係についても研究している。

イギリスの女の平均身長は1・62メートルだ（これは若いときの身長を採用している。ちなみに私は1・63メートルなのでイギリス女性の平均よりやや高い）。

そして子をもっとも多く産んでいるのは身長が1・51メートル、子がいない割合が一番低いのは1・58メートルだった。

意外なことに、平均よりもかなり身長の低い女が繁殖の上で有利なのである。

また、初潮年齢についてはもう少し小柄な女のほうが早い。

結局、**1・51〜1・58メートルくらいの身長の女がもっとも繁殖に適している**、と結論されるのである。

繁殖にもっとも成功するのは、男では平均よりやや高い場合、女では平均よりかなり低い場合だ。

このように男と女で反対方向を向いているのはなぜだろう。その意味するものとは何か。

いや、そもそも、もし男も女も背の高いほうがモテるとか、よく子を産むのだとすれば、であるる。人間はどんどん身長が高くなり、男と女の差も縮まっていくはずだ。しかしそうではないのは、このように男と女で反対方向に圧力がかかっているからだろう。

そして男では身長が高い、女では身長が低いほうが繁殖に有利であるなら、身長が高い家系と低い家系が存在する意味が説明される。

前者では男が繁殖で活躍するのに対し、後者では女が活躍するのではないのか。

だから身長が低い男の場合は、一族の女が頑張っているのだと考えればよいし、身長の高い女の場合は一族の男が頑張っていると考えればよいわけである。

動物行動を考える際には、個体だけ見ていてはなかなか真相に辿《たど》りつけず、一族を見て初めてわかることが多い。これもまたそのような例なのである。

※『Tall men have more reproductive success』B. Pawlowski, R. I. M. Dunbar, A. Lipowicz

※『Women's height, reproductive success and the evolution of sexual dimorphism in modern humans』Daniel Nettle

イケメンは健康……。

顔が良いとはどういうことだろう。ときには人の一生を決めることにもなる顔の良さ。

人を外見で判断してはいけない、とよく言われる。しかしそれは、あくまでもポリティカル・コレクトネス（政治的に正しいこと）で、建前にすぎない。あるいは外見で負けている人間の、そうであったらよいのに、という願望である。どちらにせよ人間の本質、いや動物の本質とはまったく別問題なのだ。

この、言うなれば触れてはいけないタブーに挑んだのは、アメリカ、フロリダ・アトランティック大学のT・K・シャクルフォードらで、1999年のことだ。

彼らは、この大学の学生を対象に日々の健康チェックを行ってもらった。

男子学生34人、女子学生66人であり、1日2回、チェックしてもらうわけだが、次の7

項目である。

頭痛／鼻水・鼻づまり／吐き気・胃の異常／筋肉痛や痙攣《けいれん》／喉《のど》の痛み・咳《せき》／腰痛／不安感

一方で心臓の働きについても調べる。

自転車こぎ、または踏み台昇降（60センチの高さ）を1分間行い、心拍数をあげた上で、どれくらいの時間ののちに元にもどるかで心臓の働きの良さを調べるのだ。

顔の良さについては、ニュートラルな表情の被験者の写真を撮り、－4から＋4までの9段階評価を別の学生たちに下してもらう。男18人、女19人だ。

その結果、どうなったのかといえば、男では顔の評価と「鼻水・鼻づまり」「喉の痛み・咳」「心臓の強さ」との間に、女では顔の評価と「頭痛」との間に、それぞれ相関があった。むろん、顔が良いとそれらの症状が出にくい。そして女よりも男でより強い相関が現れた。

どういうことかというと、まず**顔の良さは男女ともに健康の証**になるということ。さらに、主に選ばれる側である男では、それはより顕著に現れるということなのだ。

そして顔が良くて健康な男を女が選べば、その性質を受け継いだ健康な子、即ち免疫力の高い子を得られる。女が男の顔の良さを重視するというのは、実はそういう意味なのである。

※『Facial Attractiveness and Physical Health』Todd K. Shackelford, Randy J. Larsen

イケメンは長生き

顔が良いと日常的に健康である。

ということは、日々の健康の積み重ねとでも言うべき寿命についても同じことが言えるのではないのか。

顔が良いと長生きである。

この件について研究したのは、カナダ、ウォータールー大学のジョシュア・ヘンダーソンらで、2003年のことだ。

彼らはまず、1920年代にカナダ、オンタリオ州のあるハイスクールに在籍していた人々に注目した。

顔についてはハイスクールの年鑑に載っている顔写真を利用する。

寿命についてはオンタリオ州のお墓のデータベースを利用する。

だからオンタリオ州にお墓がない人は除かれるし、戦争や事故で亡くなった人、この段階でまだ生きている人（100歳超えか100歳近い）は除外される。

そうして男25人、女25人のサンプルを得たのだが、男の平均寿命は72・5歳、女の平均寿命は74・6歳であった。

顔の評価を下すのは、この大学の学生で、男、女ともに10人ずつである。

すると予想通り、男も女も、顔が良いと長生きの傾向があった。

そしてこの場合にもやはり、男のほうが顔と寿命の間に強い相関が現れた。男が女に選ばれるからである。

女は、顔の良さによってより長寿な男を選んでいるというわけだ。長寿であれば、より長きにわたって自分や子に対して投資し続けることになるだろう。女の狙《ねら》いはそこにある。

※『Facial attractiveness predicts longevity』Joshua J.A. Henderson and Jeremy M. Anglin

そしてイケメンは精子の質が良い

男も女も顔が良いと、日々健康で、長生きであることがわかった。生存能力、あるいは免疫力が高いのだ。

しかし顔が良いことはもっと直接的な能力を現すことがわかっている。男の生殖能力だ。

研究したのは、スペイン、ヴァレンシア大学のC・ソラーらで2003年のことだ。

この大学の学生を102人も集めたが、薬物治療を行っている、大病を患った、顔に手術痕がある、ヒゲを生やしている、ピアスの穴を開けているなど、顔の評価に影響を与えそうな条件を備えている者たちを除くと、66人になった。

彼らは正面と右横顔の写真を撮られる。ここで横顔というのは重要だ。なぜなら男の顔は、鼻の隆起など、顔面がより立体的であることが、イケメンかどうかの分かれ目となるからだ。これまで顔の研究は正面からの写真のみでなされることが多かったが、この研究は期待できる。

また髪型も顔の評価に影響を大いに与えるもので、この研究では卵型のフレームをかぶせることで髪を隠している。これもまた画期的だ。

生殖能力についてだが、男子学生に精液のサンプルを提出してもらう。1~10日の禁欲ののち、マスターベーションによって採取するのだ。

サンプルは何回も薄めたのちに顕微鏡下で観察され、次の3つの要素について調べられた。

・前へ動いている精子の割合（運動性）
・ノーマルな形の精子の割合（形状）
・精子の濃度

さらにこの3要素をあわせたＳＩ（スパーム・インデックス、スパームは精子の意）なる、総合的な精子の質を表す値を出す。

片や、女子学生を顔の評価のために集める。ただし、男子学生と知り合いであると客観的に判断できないので外す。ピルを服用していると、判定でピルを服用していない者たちと正反対の評価を下すことが多いので、こういうケースも外す。

そうして結局、男子学生と同じ66人の評価者が集まった。

各男子学生の顔写真は20秒間現れ、その間に0〜10の、11段階の評価を下すが、「永久的パートナーとして望ましいか」という基準の評価だ。ダンナとしてどうかと聞くわけで、この点が少し気にかかる。

というのも、女は短期のパートナー（浮気など）と、長期のパートナー（ダンナ）とで、選ぶ基準を変えるからだ。前者はもろに男としての魅力、後者は経済力や性格などを重視する。

よってこの基準でどうなのかと思ったが、それは心配なかった。

顔の良さは、精子の形状、運動性、総合的な質であるSIと相関が現れたのだ。

こうして顔が良い男は精子の質が良いのであり、それは他でもない、生殖能力の高さの現れなのである。

※『Facial attractiveness in men provides clues to semen quality』C. Soler, M. Núñez, R. Gutiérrez, J. Núñez, P. Medina, M. Sancho, J. Á lvarez, A. Núñez

女はBWHがすべて揃わないとだめ

ウエストが引き締まっていると、妊娠しやすい、と言われてきた。オランダの婦人科のクリニックで、人工授精によって妊娠するまでの期間とウエストのくびれ具合、つまりウエスト／ヒップの比について調べられた。するとこの比が小さく、ウエストがきゅっとくびれている女ほど、早々に妊娠する傾向があることがわかったのだ。

そうすると、妊娠のしやすさにはバストサイズは関係しないということなのだろうか。おそらくその疑問に答えようとしてのことだろう、バストサイズも組み合わせて調べてみたという研究が登場した。

ポーランド、クラクフ大学のG・ヤシェンスカ（女性）らは2004年、この国の若い女性、119人について、バスト、アンダーバスト、ウエスト、ヒップについてサイズを測った。

そして「胸大」を、バスト／アンダーバストの比が平均より大であること。「胸小」は、バスト／アンダーバストの比が平均より小であること。

「ウエストくびれている」を、ウエスト／ヒップの比が平均より小であること。「ウエストくびれていない」は、ウエスト／ヒップの比が平均より大であること。

とそれぞれ定義した。そして次の4グループに分けたのだ。

- **その1　胸大**　ウエストくびれる
- **その2　胸大**　ウエストくびれていない
- **その3　胸小**　ウエストくびれる
- **その4　胸小**　ウエストくびれていない

その一方で女性ホルモンの代表格である、エストラジオールのレベルを、唾液を毎日採取することで測る。一月経周期にわたって測るのだ。エストラジオールのレベルが高いほど妊娠しやすいと考えられる（極端に高い場合は除く）。

さあ、そうすると、どうなっただろう？

その1の「胸大　ウエストくびれる」のグループがエストラジオールのレベルがもっとも高いと誰しも想像するだろう。実際、その通りだった。

では、その4の「胸小　ウエストくびれていない」のグループがもっとも低いのかというと、そうではなかった。

その2、その3、その4で差がなかったのである。

つまり、もっともエストラジオールのレベルが高く、もっとも妊娠しやすいのは、**胸とウエストの両方の要素が備わったとき**。どちらかが欠けるか、両方とも備わっていないときには同じようにエストラジオールのレベルが下がるのだ。

胸とウエストの要素が両方とも備わったときには、特に排卵期のエストラジオールのレベルが他を圧した。妊娠しやすい排卵期だからこそなのだ。

こうして妊娠のしやすさには、ウエストのくびれだけが関わっているのではなく、胸とウエスト、という2つの要素が揃わなければだめだということがわかった。

オランダのクリニックの研究ではウエストのくびれだけを見ていて、ウエストのくびれだけが問題のように思われる。しかし胸の要素は表に現れていないだけで、実は密かに含まれているはずなのである。


ここまで、男女ともに顔がいいと健康で長生きであること、そしてイケメンは精子の質がよい、つまり生殖能力が高いということを述べてきた。さらにここで見たようにバスト、ウエスト、ヒップのメリハリのある女は妊娠しやすい、つまり生殖能力が高いということがわかった。

となれば、美人は生殖能力が高いというのは、もう目前にあるはずの現象ではないだろうか。誰かが調べれば間違いなく相関が出るはずだ。

しかし美人というのは、あまりにも扱いが難しい案件である。男が言ったら袋叩き、女が言ってもなお攻撃されるだろう。

だからこそヤシェンスカらは、バスト、ウエスト、ヒップという女の体の魅力で研究するに留めたのではないだろうか。

美人は、仮に本人の生殖能力が高くなかったとしても、大変な活路がある。息子だ。

美人からはイケメンの息子が生まれる可能性が高い。美人の定義には、鼻がある程度高く、顔が立体的であることが必須と思うが、それは鼻や顔面が立体的であることがイケメンの条件であることと一致する。つまり美人とはイケメンの息子を産む確率の高い女という意味なのだ。

そして女と違い、男はモテた場合の繁殖成功がとてつもなく大きい。女は産むことのできる子の数に限りがあるが、男の場合、条件さえ許せば無限というくらいに子をなすことができる。

こうして美人は、自身の遺伝子をイケメンの息子を通して大いに残しているのかもしれない。すると、直接の繁殖はともかくとして、間接的な生殖能力については、もし息子をなした場合には大いに高いと言えるのではないだろうか。

※『Large breasts and narrow waists indicate high reproductive potential in women』Grażyna Jasień ska, Anna Ziomkiewicz, Peter T. Ellison, Susan F. Lipson. Inger Thune

第5章

モテなくても大丈夫

身長が高いと寿命が縮む

背の高い男はモテる。これは間違いない。ところが寿命ということになると、残念ながら不利である。

理由の1つは、身長を伸ばすことに関わっている、**テストステロン（男性ホルモンの代表格）が、同時に免疫抑制作用という恐ろしい働きを持っている**からだ。

若いうちはまだいい。テストステロンの免疫抑制作用よりも自身の免疫力が上回り、支障をきたさない。しかし、中年以降は怪しくなっていく。そうして自らが分泌するテストステロンにやられてしまい、がんなどの病を得てしまうのだ。

理由の第2は、成長期に有り余るカロリーを摂取し身長が伸び切るよりも、**カロリーはやや不足ぎみのほうが、人生の後半において心臓発作、脳卒中、がんなどのリスクが低くなる**からというもの。

こういう考えを示しているのは、アメリカのT・T・サマラスで、沖縄の人々の長寿からヒントを得ている。

といっても現在ではなく、1970年代のデータで、沖縄が男女ともに日本一、いや世界一長寿であった時代だ。当時、100歳を超える人の割合が日本のどの地域よりも高く、東北地方と比べると40倍もの違いがあった。

サマラスによると、沖縄の子どもは本土の子どもと比べ、40%も摂取カロリーが少なく、大人も同様に20%少ない。

その結果であろう、心臓発作やがんで亡くなる確率が本土よりも40%も低くなるのだ。

その一方で沖縄の人が本土へ移住するなどして、本来の食生活が失われると短命になってしまう。

そして現在、沖縄ではかつての食習慣はすっかり失われ、男女ともに長寿の座を他の県に譲っている。2018年には男性が35位（1位は滋賀県）、女性は7位（1位は長野県）という状態だ。

逆に言えばこうした事実が、成長期にカロリー不足だと長寿になるということの証明になっているだろう。

カロリー不足といっても、栄養が不足しているわけではないことはもちろんだ。サマラスは、野菜や果物、マメ類、穀物など、低カロリーで栄養価の高いものはどんどん食べるべきだとしている。もっとも妊婦や2歳くらいまでの乳幼児は、カロリー制限をすべきではないとも言っている。

このようにして見てくると、身長と寿命との関係をもっと詳しく知りたくなるのではないだろうか。ここから先は、成長期にカロリーが足りたかどうかとは関係ない話である(おそらくいずれも十分に足りている)。

この件についてまず調べたのは、アメリカのD・D・ミラーで、オハイオ州、クリーブランドの1700人近い住民のデータだ(事故や自殺のように自然死ではないものは除いている)。

それによると、男も女も身長が1センチ高くなるごとに、平均で0・47年寿命が縮む。1センチでほぼ半年!

ミラーはさらに、超高身長グループであるプロバスケットボールの選手を調べたが、これまた現役時の身長について、1センチ高くなるごとに、0・47年縮むという、一般人とまったく同じ数値が現れた。

サマラスは退役軍人を調べたが、ここでもまた身長が1センチ高くなると、寿命が0・47年縮んだ。もはや恐ろしくなってしまうような値の一致だ。

サマラスはプロ野球選手も調べたが、今度は1センチ高くなるごとに0・35年縮むという結果で、ようやく0・47の呪縛《じゅばく》から逃れ、やや緩やかな値となった。

ところが、プロサッカー選手が調べられたところ、1センチ高くなるごとに0・81年も縮むという驚異の結果となってしまった。もしかしてサッカーは長時間にわたり激しい動きをするスポーツであり、心臓に一番負担がかかるからかもしれない。


実は、身長と心臓発作については、ヨーロッパ各国の男性の平均身長と心臓発作による死亡率という大変貴重なデータがある。

次のページのグラフをご覧ください。ヨーロッパの男性はそもそも南低、北高なのだが、**身長が低いほど心臓発作による死亡率は低く、高いほど死亡率が高くなる**傾向がある。

これによって、身長が高いとなぜ寿命が短いのかという理由の第3が説明される。

問題は心臓なのだ。心臓は身長が違えども、あまり大きさは変わらない。心臓は全身に

ヨーロッパ11カ国の男性（45〜65歳）の心臓病による死者数と身長との関係

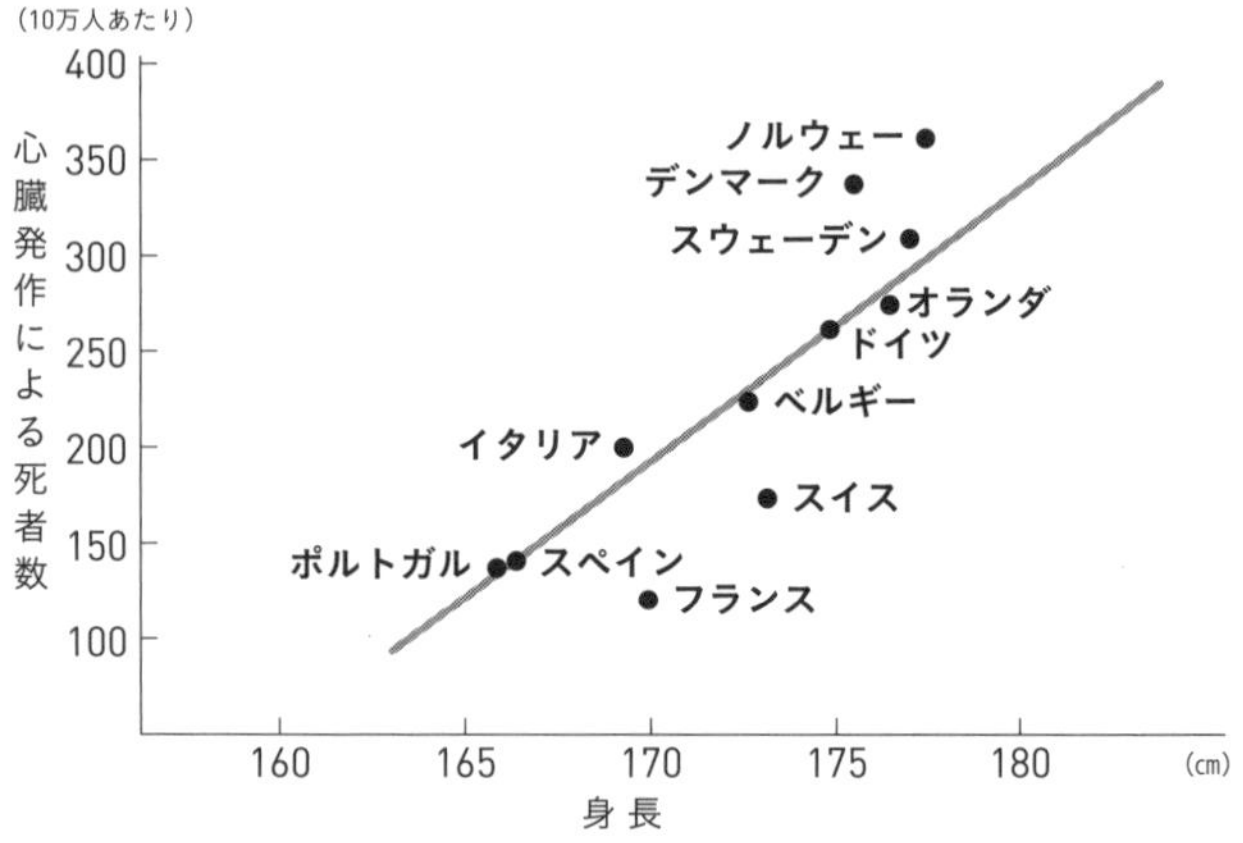

血液を送るポンプの役割をなし、身長が高いほどポンプにかかる負担が大きくなる。つまり、**心臓発作の発生率も高くなる**というわけなのである。

身長の高い男は若い頃には大いにモテる。しかし中年以降には心臓病のリスクが高まる。モテて短命か、モテないが長寿か、悩ましいところだ。

ここで私自身の心境の変化について述べたいと思う。私も若い頃は背の高い男性に魅力を感じていた。何と言ってもカッコいいではないか、と。

ところが自分が歳を重ねるうちに、いったいいつの間にだろう、小さいお

郵便はがき

料金受取人払郵便

牛込局承認

9410

差出有効期間
2021年10月
31日まで
切手はいりません

162-8790

東京都新宿区矢来町114番地
神楽坂高橋ビル5F

株式会社ビジネス社

愛読者係行

ご住所 〒 TEL: （ ） FAX: （ ）		
フリガナ お名前	年齢	性別 男・女
ご職業	メールアドレスまたはFAX メールまたはFAXによる新刊案内をご希望の方は、ご記入下さい。	
お買い上げ日・書店名 年 月 日 市区町村 書店		

ご購読ありがとうございました。今後の出版企画の参考に
致したいと存じますので、ぜひご意見をお聞かせください。

書籍名

お買い求めの動機

1　書店で見て　2　新聞広告（紙名　　　　　　　）
3　書評・新刊紹介（掲載紙名　　　　　　　）
4　知人・同僚のすすめ　5　上司・先生のすすめ　6　その他

本書の装幀（カバー），デザインなどに関するご感想

1　洒落ていた　2　めだっていた　3　タイトルがよい
4　まあまあ　5　よくない　6　その他(　　　　　　　)

本書の定価についてご意見をお聞かせください

1　高い　2　安い　3　手ごろ　4　その他(　　　　　　　)

本書についてご意見をお聞かせください

どんな出版をご希望ですか（著者、テーマなど）

じさんを可愛いと感じ、背の高いおじさんには「無駄に背が高い」と、むしろネガティブな感情を抱くようになったのだ。

これは、女は若い頃にはテストステロン・レベルの高い背の高い男を好むが、歳をとると、パートナーに長生きしてほしいと願う心理的プログラムがあるということなのだろうか。

そしてもっと驚いたのは、若い男性については身長が高くても低くても、どっちも可愛い。若ければよし、と思うようになったことである。どうしてそのような変化が現れたかは謎だ。

※『Is short height really a risk factor for coronary heart disease and stroke mortality？ A review』Thomas T. Samaras, Harold Elrick, Lowell H. Storms

ハゲは病気に強い

ハゲがこんなにも多く世間に存在する。ということは、ハゲに何かとても有利な条件が備わっているからこそではないか、と思われる。

実は、医療関係者の間では随分古くから、**「ハゲに胃がんなし」**という言い伝えがあるのだ。

この件について実際に研究してみたのは、久留米大学医学部の柿添建二さんという医師だ。

1952年から69年までに福岡県久留米市のある病院で手術した胃がん患者、男663人（21～86歳）と女338人（19～85歳）の計1001人のデータを調べている。

それによると、女はまったくハゲなし。女も歳をとると頭頂部が多少薄くなってくるものだが、それでもなし。

男の場合には胃がんグループと胃がんでないグループとで、年齢別にハゲの出現率を調べている。

すると、40代でのハゲの出現率（%）は、

・胃がんグループ 0
・胃がん以外のグループ 8・6

50代では、

・胃がんグループ 2・3
・胃がん以外のグループ 14・3

60代では、

・胃がんグループ 7・6
・胃がん以外のグループ 22・0

70代では、

・胃がんグループ 8・3
・胃がん以外のグループ 24・1

80代以降では、

・**胃がんグループ**　0

・**胃がん以外のグループ**　61・5

80代ともなると男はハゲるのが当たり前なのに、胃がん患者であるとハゲなしとなる。「ハゲに胃がんなし」というけれど、**「胃がんにハゲなし」**というべきなのだ。

なぜ男にこのような現象が起きるのだろう。

ハゲの主たる原因は、男性ホルモンのジヒドロテストステロンにある。片や女性ホルモンのいくつかの総称である、エストロゲンには胃がんの発がん作用があるらしい。

ということは、ハゲていない男は相対的に女性ホルモンの働きが強くハゲにくいが、胃がんには罹《かか》りやすいということなのだろうか。

柿添氏は実際、胃がん患者では男でも女でも、女性ホルモンに対する男性ホルモンの比が、低いほうへとシフトしていることを突き止めているのだ。

ハゲの効用は他にもあって、**気管支がん、肺気腫《きしゅ》になりにくい**ことだ。ただし、てっぺんハゲの方は心臓病にご用心である。

そしてハゲがなぜこれほどまでの勢力となっているかを一番説明するのは、ハゲが結核に強いということだろう。

この件については札幌鉄道病院（現・JR札幌病院）の高島巌氏らが研究している。

高島氏らは結核病棟にはどうもハゲが少ないようだという印象を持った。そこで1981年、何らかの病気（結核ではない）でこの病院に入院している男性患者175人について調べた。たいていは50歳以上で、結核が大流行した戦中戦後にちょうど青春期を過ごした人々である。結核は若者を襲う特徴があるのだ。

そうすると、175人のうち結核を患ったことがあるのは78人、ないのは97人だった。

次に、結核を患ったことのある78人をハゲと非ハゲに分類すると、

・ハゲ　27人（34・6％）

・非ハゲ　51人

結核を患ったことのない97人も同様に分類すると、

・ハゲ　54人（55・7％）

・非ハゲ　43人

結核に罹ったことがある男の中でハゲが少なく、結核に罹ったことのない男の中にハゲ

が多いのである。これは統計的に処理してみても有意な差がある。

即ち、**ハゲは結核に強い**、もしくは将来ハゲる男は若いときに結核に罹りにくいのである。

これまで挙げたハゲが強い病気は、結核以外は中年以降に発症する傾向がある。ところが結核は若い人が罹りやすい。

これは進化の上で重要な意味を持っている。将来ハゲる男は若者期に、実際にはまだハゲていなくても、結核で命を落とす確率が低い。よって、よく生き延びて自分の遺伝子のコピーをよく残す。そのとき同時にハゲに関わる遺伝子もよく残すというわけである。

こうしてハゲに関わる遺伝子はしっかりと引き継がれてきたのだろう。そして結核の流行が激しかった地域ほど、今日ハゲが多いのではないだろうか。

アデランス「世界の成人男性における薄毛調査」によると、日本（東京）を1とした場合、フランス（パリ）では1・5であり、他のヨーロッパ諸国でもアメリカでもだいたい1・5という値だった。

おそらく日本よりも欧米のほうが結核の流行が激しかったので、今日ハゲが多いのではないだろうか。

実際、ハゲの分類の仕方が、日本では生え際の後退（M字とかO字とか）と、てっぺんハゲの両方を問題にするのに対し（緒方知三郎の分類）、フランス（パリ、ロレアル研究所）では生え際の後退はハゲとみなさず、てっぺんハゲのみ問題にしている。それはあまりにもハゲが多いからではないだろうか。

※『女は男の指を見る』（新潮新書）『シンメトリーな男』（新潮文庫）いずれも拙著

ハゲやすいがハゲ薬がよく効く

はっきり言って**ハゲの男性は敬遠される**。若い女の子は、「**ハゲはスケベそう**」と、その理由を述べるが、若い女ほど直感的に本質を見抜く能力があることは、このハゲ問題についても当てはまる。

ハゲの原因は、男性ホルモンの代表格で男の魅力を演出するテストステロンが一歩進んだ形（水素が結合して還元型になった）、**ジヒドロテストステロンにある**からだ。

ジヒドロテストステロンは、テストステロンよりもはるかに強い作用を及ぼすこともわかっている。よって「スケベそう」というのはおおむね当たっているのである。

ハゲのメカニズムだが、まずはジヒドロテストステロンが、乳毛頭にあるアンドロゲン受容体にくっつく（アンドロゲン受容体は、アンドロゲン、つまり男性ホルモンなら何でもくっつくので、テストステロンもジヒドロテストステロンもくっつく）。

すると脱毛因子の生産が始まり、毛が抜け始めるのである。

ここで、ホルモンなどは受容体にくっつくことで初めて作用を現すということを鑑みると、受容体の型がどうであるかで作用の現れ方も違ってくるであろうことが推測される。アンドロゲン受容体の遺伝子には、シトシン（C）、アデニン（A）、グアニン（G）という3つの塩基が繰り返される部分がある。

繰り返しの数が少ないと、感受性の強い受容体がつくられ、ジヒドロテストステロンによく反応して**ハゲやすい**。

しかし**繰り返しの数が多い**と、感受性の弱い受容体がつくられることになる。つまりジヒドロテストステロンに対する感受性が弱いので、**ハゲにくい**わけである。

塩基配列のCAGは、アミノ酸の一種である、グルタミンをコードする遺伝暗号である。だからアンドロゲン受容体（タンパク質である。タンパク質はアミノ酸がずらずらとつながり、立体的な構造になったもの）には、CAGの繰り返し回数と同じだけのグルタミンがずらずらとつながった部分が存在していることになる。

このCAGの繰り返し回数は、ハゲやすいことに関係するだけではなかった。

飲む育毛剤と呼ばれている、プロペシアの効き方にも関わっていた。

プロペシアは、テストステロンをジヒドロテストステロンに変える酵素の働きを阻害することで、ハゲの進行を抑えている。まさに本丸の直前でストップをかけるものなのである。

ハゲ治療の第一人者である佐藤明男さんによると、氏のクリニックで治療を受けた200人の患者のうち、**CAGの繰り返し回数が少ないか普通の人たちには、この薬がよく効いた。**

つまり、CAGの繰り返し回数が17〜25回の人では80〜90%の人が中程度から高度に毛が増えた。繰り返し回数がもっとも少ない、17回の人ではほぼ100%の人で効いたのだ。片やCAGの繰り返し回数が多い人たち、つまり26〜30回の人たちでは、あまり改善がみられなかったのである。

アンドロゲン受容体遺伝子の中の繰り返し回数が少なく、感度のよい受容体を持っていて、ハゲやすいが、ハゲの薬がよく効く——。

それともアンドロゲン受容体遺伝子の中の繰り返し回数が多く、感度が鈍い受容体を持っていてハゲにくいが、ハゲた場合にはハゲ薬は効きにくい――。

さあ、どっちがいいだろうか。

トカゲのジャンケン

北米西部の乾燥地帯には、サイド・ブロッチド・リザードと呼ばれるトカゲがすんでいる。和名はワキモンユタと言う。脇に紋がある、ユタ属のトカゲというわけだ。

確かにオスは脇に目立つ紋模様を持っているが、それよりもはるかに特徴的なのは喉の色で、オレンジ、ブルー、イエローの3種類があること。しかもそれぞれが、**違う繁殖戦略を持っている**ことだ。

オレンジオスは体が大きく、広い縄張りを持ち、妻も複数確保している。

ブルーオスの体は普通サイズで、オレンジほど広くはないが、縄張りを確保。妻も1人だけ確保している。

イエローオスは体が小さく、縄張りも持たず、妻も確保していない。喉の色はメスと同じであり、体も小さいことからメスに擬態しているのである。

一見したところ、オレンジ、ブルー、イエローの順で戦略として勝っているように思われる。

実際、多くの妻を持つオレンジは1人しか妻のいないブルーよりは戦略的に勝っている。それにオレンジはブルーを実際に攻撃する。

そしてブルーは1人の妻もいないイエローよりも戦略的に勝っている。

そうするとイエローは戦略的に最下位なのだろうか。

そうではない。メスに擬態しているので、多くのメスを抱え、各メスのガードが甘く、縄張りも広いオレンジの縄張りにやすやすと侵入。交尾だけ済ませ、涼しい顔をして戻ってくるのである。

こういう戦略はブルー相手には通用しない。ブルーは妻が1人だけなので、しっかりガードしている。縄張りも狭い。それにブルーどうしが連携し、イエローの排除に努めているのだ。
ちなみにイエローが運悪く、オレンジやブルーに出くわしたときには、あくまでもしらを切り、メスのふりをする。メスが交尾を拒絶するときの行動さえも示すという。

ともあれ、こういう3者の関係はまさしく**グー、チョキ、パーのじゃんけん**だ。この研究は、アメリカ、カリフォルニア大学サンタ・クルーズ校のバリー・シネルヴォらが行ったが、論文のタイトルに「ロック・ペーパー・シザーズ・ゲーム」と西洋ジャンケンの名が登場する。岩は紙に包まれるが、紙はハサミに切られる、しかしハサミは岩を切れないという関係にある。

このようにジャンケンの各手はカモにできる手がある一方で、自分がカモにされる手がある。よって

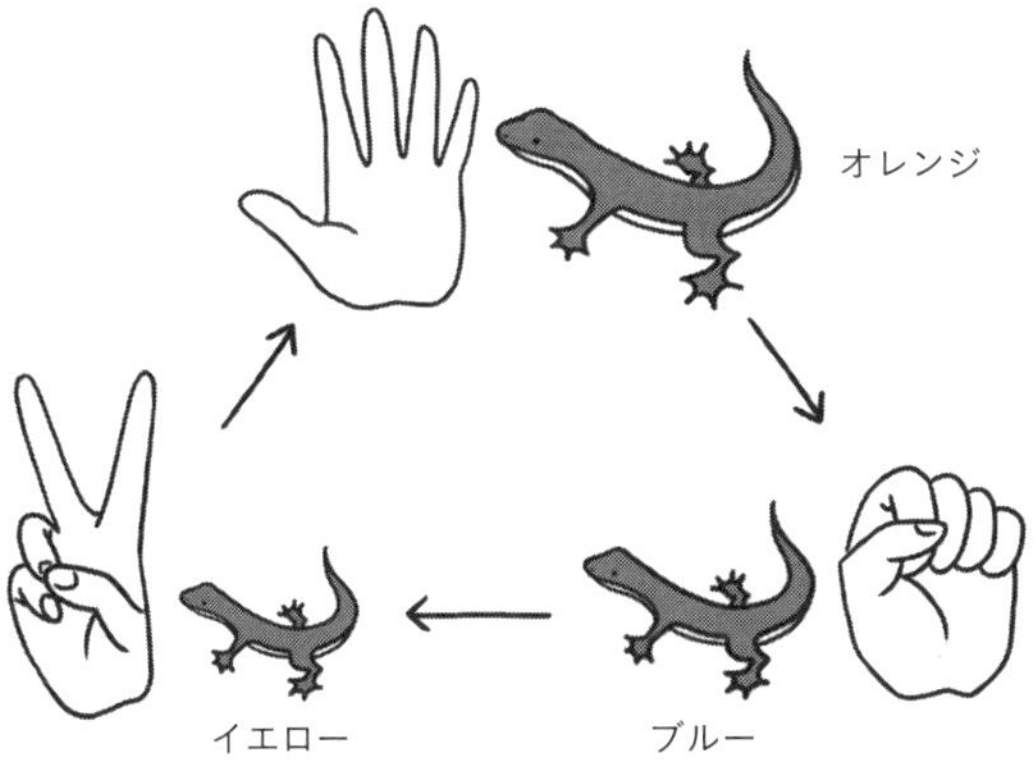

このトカゲでも繁殖シーズンにどのタイプの数が一番多いかによって、次の繁殖シーズンのメンバーの様相が決まってくる。

たとえばある年の繁殖シーズンにオレンジが最大の勢力だったとしよう。するとその年にはオレンジをカモにするイエローが繁殖に成功しやすい。

その効果は翌年か翌々年に現れ、イエローが最大勢力となる。するとそのときにはイエローをカモにするブルーが繁殖に成功しやすい。

そしてまた翌年か翌々年にその効果が現れ、ブルーが最大勢力になる。するとその今度はブルーをカモにするオレンジが繁殖に成功しやすくなり、翌年か翌々年にはオレンジが最大勢力になる、と話は一巡する。

シネルヴォらは、**6年かけて話が一巡する**ことを突き止めている。

このトカゲは過去何百万年もの間、このような栄枯盛衰を繰り返してきたし、これからも繰り返していくだろうと考えられているのである。

このトカゲではメスにも繁殖戦略の違いがある。喉の色がオレンジのメスとイエローのメスだ。

オレンジは小さい卵をたくさん産み、イエローは大きい卵を少量産む。これまたどちらが勝って、どちらが劣っているというわけではなく、それぞれが適する環境条件というものがある。

オレンジは人口密度が高く、捕食者が多いとき、イエローは人口密度が低く、捕食者が少ないときだ。

そんなわけで、ある年はオレンジが優勢だが、別の年にはイエローが優勢といった循環する関係になるのである。

※『The rock-paper-scissors game and the evolution of alternative male strategies』B. Sinervo and C.M. Lively

モテない男は左翼となる

私が京都大学理学部の日高敏隆先生の研究室に所属していた1982年のことである。日高先生とその弟子たちは、日本の行動生態学、進化生物学、進化心理学、遺伝学、はたまたパソコン内にすむ人工生命などさまざまな分野の発展を視野に入れ、「日本動物行動学会」を設立した。

初代会長は無論、日高先生で、選挙により何度も会長に選ばれ続けたが、さすがにいつまでも会長の座に収まるわけにはいかない、と6期12年で退任された。

その頃からである。学会が**日本型リベラルの連中に乗っ取られ始めた**のは。

日本型リベラルというのは、共産主義が失敗に終わったことが判明した今でも、その思想にしがみついている人々。思想のためなら、研究内容や論文の改竄《かいざん》、隠蔽《いんぺい》、捏造《ねつぞう》もいとわないとんでもない連中である（政治や文系の学問の世界では有名だが、このように理系の学問の世界にも存在する）。

実際その頃から、人間について研究することは許さぬ、と会長が自由な研究を妨害するようになった。おそらく人間についての真実が暴かれることで、彼らにとって都合の悪い事実の数々が露わになるからだろう。

この会長を引き継いだ女性会長は、隠蔽、改竄、捏造、やり放題の女王で、多くの一般向け啓蒙《けいもう》書でも誤った情報を流し続けている。

なぜ、いつの間にこんなことになってしまったのか。なぜ日高先生の弟子たちはなす術《すべ》がなかったのだろう。

それは、日本型リベラルの連中のしつこさにあるのではないかと思う。彼らは**発言活動がやたら活発な上、各人の連携が実に密**なのだ。

日本型リベラルはざっくり言えば、日本の**左翼の一部**である。そして左翼の言論活動が活発なこと、連携が密なことは多くの人々が実感するところである。

私もこのような実感を持っていたのだが、あるとき、前のセクションに登場したトカゲについての新しい情報を得たときに我が意を得たと思った。

ブルーのオスたちがイエローオスの排除のために「連携」するということだ。連携して間男に対抗するのである。

ここで思った。**左翼のルーツはここにある！**

実は、喉の色からすると、男性ホルモンの代表格である、テストステロンのレベルは、オレンジ、イエロー、ブルーの順に高く、これが即ちオスとして魅力がある順なのだ。

その一番魅力に欠けるブルーのオスが連携する……。

片や左翼の主張の最大のキーワードは「平等」である。

これは、単なる平等ではなく、1人だけ抜け駆けしてモテることは許さない、女を平等に分け与えよという主張であると私には思える。

つまり**左翼とはそもそもモテない男**であり、1人の妻を確保するのに必死である。そのために**互いに連携するし、モテる男の脚を引っ張ろうとする**。そして言論活動も極めて盛んというわけなのだ。

ガガンボモドキ「駆け引き」の妙

ガガンボモドキは藪《やぶ》の中にすむ、肉食性の昆虫だ。同じく肉食性の昆虫であるカマキリのオスが交尾の際にメスに食われてしまうことがあるように、ガガンボモドキのオスにもその危険がある。

そこでガガンボモドキのオスは妙案を思いついた。彼らは互いに向かい合うよう、枝からぶら下がり、腹部をくっつけて交尾するが、その際、メスの口を封ずるために、ハエやアブラムシなどのエサをプレゼントするのだ。彼らはエサをむしゃむしゃと食べるのではなく、口吻《こうふん》を差し込み、消化液を注入して中身を溶かし、そのうえでチュウチュウと吸う。こうして**メスがプレゼントに夢中になり、吸っているうちに交尾**してしまおうというのである。

交尾の際にエサをプレゼントする、婚姻贈呈はオスとしての質をアピールするのが本来の目的だ。ガガンボモドキの場合も、メスはエサを慎重に値踏みする。

エサが小さいとかまずい場合には交尾を拒否するし、交尾するにしても交尾時間に随分と違いがある。20分以上のこともあれば、5分にも満たないこともある。

これはいったいどういう意味なのだろう。アメリカのR・ソーンヒルはガガンボモドキの処女メスを60匹以上も用意し、交尾時間を、ある者は2分、またある者は10分などと、1分から39分まで区切って交尾させ、受け渡される精子の数を調べてみた。

すると、5分までは精子の受け渡しがない。そして5分から20分までは交尾時間に比例して精子が受け渡される。さらに20分以上になると、渡される精子の数は頭打ちとなってそれ以上は増えない（図参照）。

メスが5分やそこらで交尾を打ち切るというのは、エサは食べたいが、こんな小さいエサしか捕らえられないオスの子なんて産みたくないという意味なのだ。

5分から20分までは交尾時間に比例して精子が受け渡されるが、それは単なる精子の移行の問題ではないはずだ。**エサの大きさに応じて相手のオスの子を産む**よう、メスが交尾の打ち切りのタイミングを見計らっているのだろう。大きなエサを捕らえられるオスの精子ほど受け入れ、そのオスの子を多く産むべきなのだ。

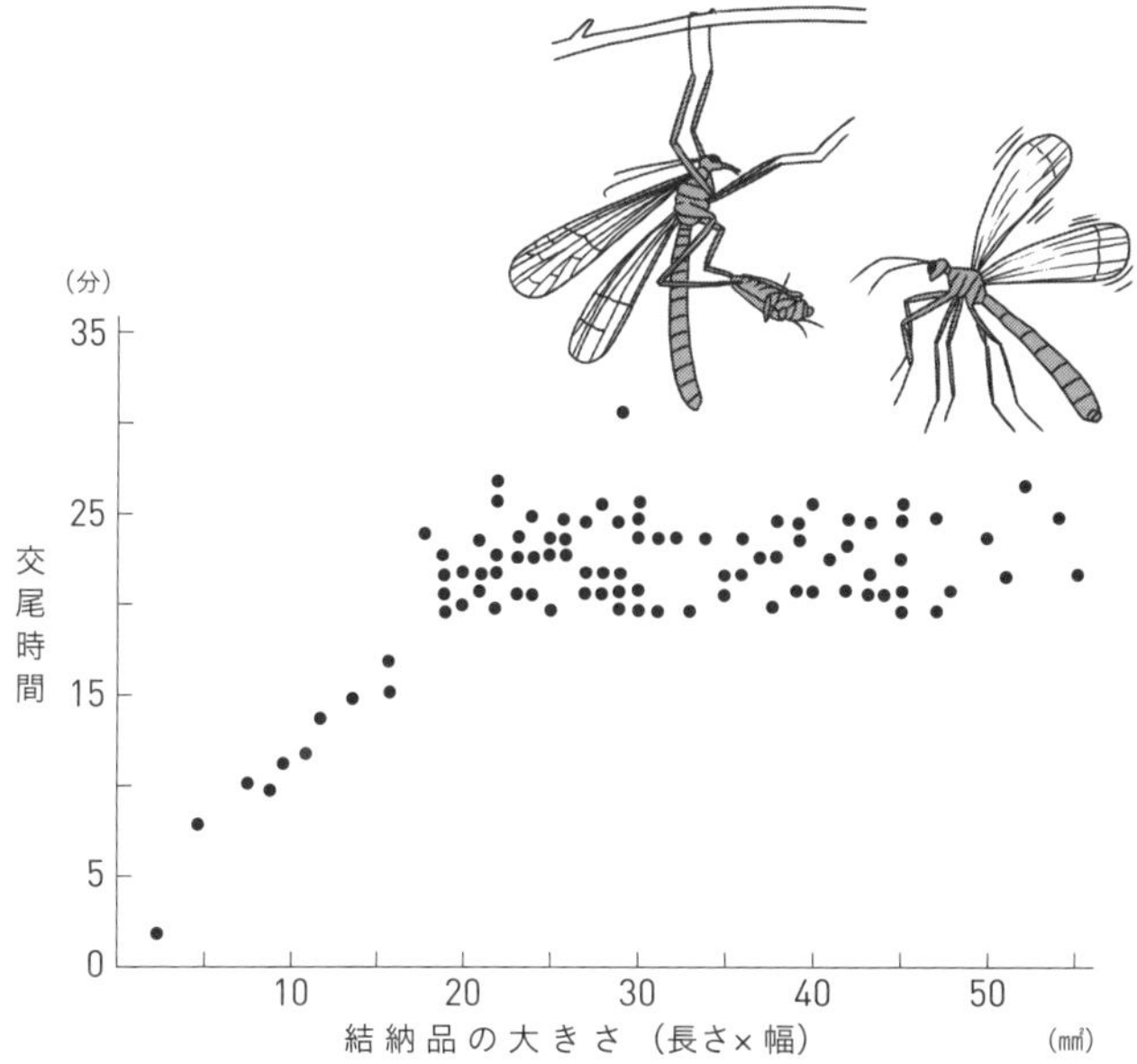

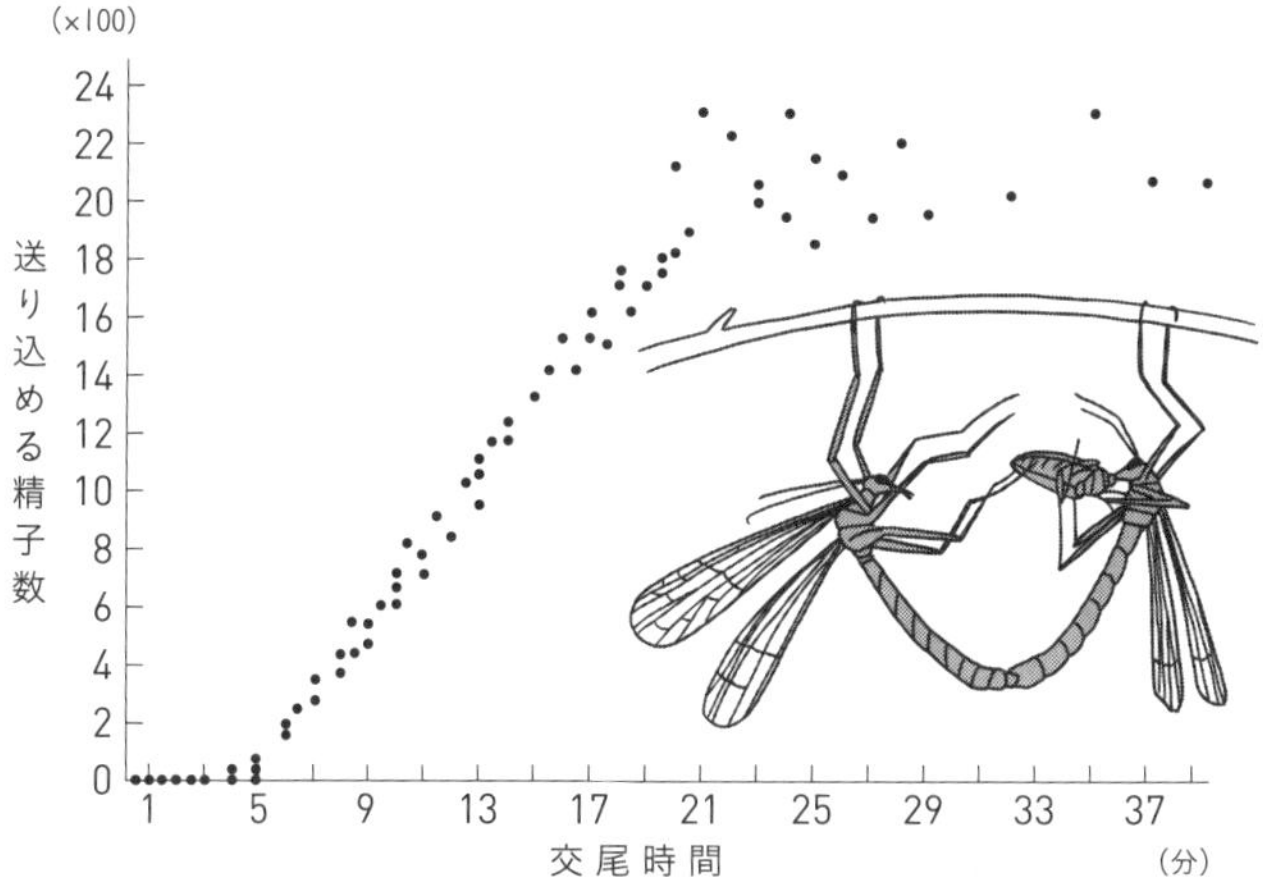

出典：生物学教育講座5巻『動物の行動』（東海大学出版会）の図などを参照して作成

さらに20分以上の交尾はオスとしては意味がないので、交尾を打ち切り、大きくておいしいエサを別のメスのために使いまわそうとする。しかしメスとしてはもっとエサを食べていたい。当然、オスとメスとで争いが起きるが、オスが奪取に成功することのほうが多いという。

オスもメスも、なぜこんなにもエサに執着するのだろう。それは、彼らがすむ藪の中には至るところにクモの巣が張り巡らされており、狩りに夢中になっていると、自分自身がクモの巣に引っかかり、餌食《えじき》となってしまうからだ。狩りはなるべくしたくないというのが彼らの本音である。

そこでオスの中にはこんな戦略に打って出る者がいる。

まずは引ったくり。交尾中のオスとメスであっても間に分け入り、プレゼントを奪う。もう1つはメスに擬態すること。ガガンボモドキのオスとメスはよく似ているが、飛び方は違う。メスは卵の重みのために、ゆっくりと直線的に飛び、あまり方向転換をしない。そこでそういう飛び方をし、メスのふりをしてプレゼントを持ったオスに接近。メスと同様、念入りな値踏みをし、ときには交尾のまねまでする。そうして隙をついてエサを奪って逃走するのだ。わが師、日高敏隆先生が「**女形《おやま》戦略**」と名付けたこの戦略は、引ったくりよりもはるかに成功率が高いのだという。

※『浮気人類進化論』（文春文庫　拙著）

不利な状況でも最善尽くすコアホウドリ

ハワイ、オアフ島のもっとも西のはずれに「カエナポイント」と呼ばれる場所がある。ハワイの伝説で、「魂が天に上る場所」とされているのだ。

ここは同時にコアホウドリの生息地であるのだが、とても不思議な現象が起きている。

ハワイ大学のL・C・ヤングらが２００４年から07年にかけての4年間に調査したところによると、メスが全体の59％という高い比率を占めていた。哺乳類だけでなく、鳥の場合にも、婚姻形態がどうであれ、オスとメスとは1対1の割合であって然るべきだ。このように性比がメスに偏っているのはなぜなのだろう。

ヤングらによると、ここのコロニーは割と小さくて、しかも他の場所から移住してきた連中で構成されている。しかも移住をよくするのがメスのほうだからなのである。

アホウドリは一夫一妻の鳥だ。だから、どうしてもメス過剰となる。そのためにどうなるかと言うと、**メスどうしのペア**ができる。ペアである125組のうち39組が、メスどうしのペアなのだ。その比率たるや31%。3組に1組くらいの割合だ。

でも、メスどうしがつがっても子が産まれないわけで、どうするのか。

そこはさすがにオスの力を借りる。ペアのどちらかが、メスとつがいとなっているオスと交尾する。**オスに浮気をさせる**のだ。そして卵を1つ産み、メスどうしのペアで協力しあってふ化させ、巣立ちまでの面倒をみるのである。アホウドリは普通、1回の繁殖で卵は1つしか産まないが、育てあげるには2羽の力が必要だからだ。

いや、ちょっと待って。どちらか一方しか子を産まないのなら、他方は大損ではないか。ペアが姉妹であるとか、近い血縁関係にあるのならまだしも、このコロニーのメスどうしのペアは血縁がないことがわかっている。

そこでポイントとなるのが、メスどうしのペアはかなり長い間いっしょに暮らすということだ。つまり、「**去年はあなたが繁殖したから、今年は私が繁殖させてもらいます**」的なことをしているのである。

この変則的な繁殖の仕方は、さすがにオスとメスのペアよりも効率が悪い。特にふ化率で差がつき、オスとメスのペアではふ化率が87％であるのに対し、メスどうしのペアでは41％である。

巣立ち率にはほとんど差がないが、ふ化率の低さゆえに全体的な繁殖成功ではオスとメスのペアの半分くらいになってしまう。

しかし、メスとしては1人で何もしないでいるよりははるかにましである。

こういうふうに不利な状況でも最善を尽くしているメスたちについて、研究者であるヤングたちは「make the best of bad job」と評している。「不幸な事態にも善処している」というわけである。

※『Successful same-sex pairing in Laysan albatross』Lindsay C. Young, Brenda J. Zaun Eric A. VanderWerf

トップの座から落ちても追放されないゲラダヒヒ

ゲラダヒヒはエチオピアの高原地帯にしか住んでいない貴重な霊長類だ。しかもその社会が他にはちょっとないくらいに複雑である。

我々人間の場合、家族が1つの家で暮らし、家々が集まって集落となる。そして集落の集まりが村となり、村の集まりが次の単位となって最終的には国となる。

こういう、ある単位が集まって次の単位となり、その単位が集まってそのまた次の単位となる場合、その社会は重層的であると言う。

重層的な社会をつくるのは、人間とマントヒヒ、そしてこのゲラダヒヒくらいのものである。

ゲラダヒヒの研究で名高い、河合雅雄さんの『人類進化のかくれ里　ゲラダヒヒの社会』（平凡社）によると、いくつかのワンメール・ユニットとシニアフリーランス（大人のオスで単独行動をとる。後述する元リーダーオスか元セカンドオスである可能性が高い）、ジュニアフリーランス（若い単独行動をとるオス）、そしてオスグループ（若いオスのグループで、どこかのワンメール・ユニットを襲撃し、そのうちの1頭がリーダーオスの座につこうと狙っている）が集まってバンドという単位をなしている。

ちなみにバンドは昼間の単位であり、崖《がけ》の上の草原で草を食べる、そして夜にはバンドが集まって大集団となり、崖の中腹で眠りにつくことになる。

このワンメール・ユニットだが、リーダーオスとメスたち、そしてその子どもたちからなるもので、セカンドオスがいる場合といない場合がある。

セカンドオスとは要はリーダーの補佐役だ。リーダーがオスグループから毎日のように儀式的な

リーダーから降格されても「補佐役」として留まるゲラダヒヒ。

襲撃を受け、その力のほどを推し量られている間、メスたちを防衛し、ときには子どもをあやしたりもする。

彼は**1人だけガールフレンドを持つことが許されているが、仲良くするだけ**に留めよと言いわたされている。そこでオスが2頭いても繁殖するのは1頭だけということに表向きはなり、ワンメール・ユニット（メールはオスの意）と表現される。

とは言うものの、そんなヘビの生殺し状態に我慢できるはずもなく、セカンドオスはリーダーの目を盗んでガールフレンドと交尾する。その際、2頭ともリーダーの位置を確かめつつ、交尾の際に発せられる声を押し殺して行うのである。

セカンドオスは、フリーのオスが入り込んでなるケースと、**リーダーが降格**してなるケースとがある。

特に後者は頂点を極めた者が降格までして集団に留まるという点が珍しい。オスグループの襲撃に敗れたリーダーオスは、追放されるというのが、動物界の常識である。ところが新しいリーダーから留まることを要請されるのだ。

「補佐役としてあなたの力が必要です。どうかこのユニットに留まってください」と。

このようなケースは人間にもあるだろうか、と考えてみたところ、あった。**社長が退任**

し、**会長や相談役として留まる**という場合だ。やはり、あなたの力や知恵が必要です、ぜひ我が社に留まってください、と。

ゲラダヒヒと人間は重層的社会をつくる珍しい霊長類である。そんな共通点からこんな珍しいケースが生まれてくるのかもしれない。

サケのオス、どっちが優秀か？

サケのオスには、体が大きく、縄張りを構え、メスも確保するカギバナ（上あごが曲がっている）と、体が小さく、縄張りもメスも確保できていないジャック、という2種類の繁殖戦略者がいる。

メスが産卵するとカギバナもすかさず放精するが、そのとき今までいったいどこに隠れていたのかと思うほどの数のジャックたちが現れ、精子を引っかけていく。あたりに漂う白い煙幕……。

動物番組ではお馴染《なじ》みのシーンであり、カギバナは正統派のオス、ジャックはその隙をつく、スニーカーであると説明される。スニーカーとはこっそり忍び寄る者という意味で、靴のスニーカーと語源が同じである。

おそらくジャックとは、ある時点で体があまり大きくなっていないのでこのまま成長しても大きな体にはなれない。だから海にはひと夏だけいて、早々に故郷の川へ帰ってきたオスである。

縄張りもメスも確保できず、分け入って放精するので受精率は悪いが、危険な海にいる期間が短いので、高い生存率を保ったまま川に戻るし、繁殖のサイクルも短いという利点がある。

片やカギバナは大きく成長できるオス。より大きく成長するために、海にはジャックよりも少なくとも1年は長く留まる。そして故郷の川には大きな体で帰還し、縄張りとメスを確保し、メスの産卵の際には有利な位置取りをしたうえで放精する。

しかしながら危険な海に長らくいたので、その間に命を落とす確率も高いし、繁殖サイクルはジャックよりも長い。

ということでカギバナとジャックはその勢力争いにおいて、どちらかがどちらかを圧倒するわけでもなく、いい勝負になっている――。

というのがこれまでの見方である。ところが、ここに**大変な修正**が必要であるということが最近になってわかってきた。

実は、**成長の早いのはカギバナではなく、ジャックのほう**だったのだ。

ジャックは成長が早いので、わざわざ海に長く留まって成長する必要はなく、早めに帰還するオス。カギバナは成長が遅いので、海に長く留まり、十分に大きくなったところで帰還するオスだったのである。

正統派と見られてきたカギバナがむしろ優れていないオス、スニーカーという邪道と見られてきたジャックこそが優れたオスであり、**主客は逆転**してしまったのだ。

サケの人工ふ化場では、これまで盛んにカギバナの精子で卵を受精させてきた。しかしここへきて考えを改めざるをえなくなり、今後は「本当に優秀である」ジャックの精子で卵を受精することになったという。

本当に動物の世界は奥深い。何が良くて何が悪いのか、そう簡単に結論づけるのはやめておくべきなのだ。

※『サケ科魚類のプロファイル―11 ギンザケ』小関右介

自然の力で免疫力がアップする

日本一のお金持ち、ユニクロの柳井正氏は、渋谷の一等地に森に囲まれたお屋敷を構えているという。

ファッションデザイナーのケンゾー氏も、パリの市街地に日本庭園を備える自宅を有している。

都会のど真ん中に大自然を再現した広大な敷地を所有する。どうやらこれが、富をアピールするための究極の手段であるらしい。

実際、自然には素晴らしい癒しの効果がある。自然に触れるとＡＤＤ（注意欠陥障害）、うつなどの症状が緩和されるし、ストレスも解消され、態度が協力的になるとか、物事を長い目で見られるようになる。

とにかく心が癒され、余裕が生まれ、何事も短絡的ではなくなるのである。

そして自然には、にわかには信じられないくらいの効果があった。外科手術からの治りが早く、痛みも少ないのである。


アメリカ、デラウェア大学のＲ・Ｓ・ウルリッチは、１９８４年、『サイエンス』でこんな研究を発表した。

ペンシルベニア州のある病院に、１９７２年から81年までに入院し、胆のうの摘出手術を受けた患者について、退院までの日数、ナースの前で泣くとか弱音を吐いた数、そして服用した痛み止めの種類と1回の服用量について調べる。

その際、木の見える病室と、建物の壁しか見えない病室で比較するのだ。

木は落葉樹なので、葉がついている5月から10月までの入院患者についてのみ調べる。

木の見える部屋と壁しか見えない部屋の入院患者はどちらも23人だが、年齢、性別、手術歴、喫煙の習慣などに差がないようにしている。

そうすると、手術当日を0日として退院までの平均日数は、

・木の見える病室　7・96

・壁しか見えない病室　8・70

一見したところあまり違いがないように思えるが、統計的に処理すると大変な差であることがわかる。自然が見える病室にいると手術の治りが早い、つまり免疫力がアップするのだ。

次にナースの前で泣くとか、弱音を吐くといった回数の平均だが（ナースが記録している）、

・木の見える病室　1・13

・壁しか見えない病室　3・96

これまたとても大きな差だ。

そして服用する痛み止めの種類と服用量だが、痛み止めの種類には、麻薬に近い強い痛み止めから、アスピリンやアセトアミノフェンのような、市販されている弱いものまであ

る。

手術当日（0日）とその翌日、そして6〜7日では両グループで差はなかった。前者はあまりの痛みに窓の外を見る余裕がないため、6〜7日はもうほとんど痛みはないからと考えられる。

差があったのは、2〜5日目だ。痛み止めの強さと1回の服用量は、

木の見える病室

・**強い**　0・96
・**中くらい**　1・74
・**弱い**　5・39

壁しか見えない病室

・**強い**　2・48
・**中くらい**　3・65
・**弱い**　2・57

説明の余地がないほどの差だ。木が見えるとこんなにも感ずる痛みに差が現れる。ちなみにこれらの木はたった数本である。**数本の木であっても、癒しや免疫力アップの効果が**

十分にあるということがわかる。

となれば、森に囲まれた家に住んでいたら、どれほどの癒しや免疫力アップの効果があるだろう。富豪たちが都会に大自然を再現するというのは、単なる富の誇示だけではなく、このような効果があることを直感的に知っているからかもしれない。

ちなみに自然には直接触れなくても、動画や写真であっても効果がある。自然の効果は、今や都会に広大な敷地を構えるほどの財力がなくても享受可能だ。

ところでここでいう自然とは、荒涼とした砂漠や赤茶けた岩山ではない。**木が茂り、川などの水があり、動植物が大いに繁栄している様子が重要**だ。

つまり我々が食べるものに事欠くことなく、安心して暮らせるような自然環境なのである。そういう自然でないとしたら、どうして癒しや免疫力アップの効果がありえようか。

※『View through a window may influence recovery from surgery』R. S. Ulrich, et al.

可愛い赤ちゃんは愛情深く育てられる

他人の子ならともかく、我が子であれば文句なく可愛い。百パーセントの愛情を注ぐことができる。その自信がある……。

と思っていませんか？

ところがどっこい、人間はそうはできていなかった。たとえ我が子であっても愛情の匙《さじ》加減を加えるし、またそうすることが重要なのである。

この件について研究をしたのは、アメリカ、テキサス大学のジュディス・ラングロワらで１９９５年のことだ。彼女らはテキサス州オースチンの市民病院に入院し、初めての子を産んだ女性１００人以上とその赤ちゃんについて、生後数日間の様子を観察した。

これらの母親は心身の健康に問題はなく、赤ちゃんも平均で約40週での出産であって、極めて順調な生まれ方をしている。さらに母子を取り巻く環境、つまり収入、家庭環境、母親の年齢、受けた教育の程度などに、なるべく違いがないように配慮されている。

そうして母と子の様子を、病室の隅にいる観察者が20～30分間観察して記録するが、この観察者たちは観察についての特別なトレーニングを受けている。

一方でテキサス大学の学生たちが、赤ちゃんの顔写真（眠っているかニュートラルな表情のもの）を見て、可愛さを5段階評価で判定する。

すると、**より可愛いと判定された赤ちゃんほど、「愛情表現」をよくされていた**。抱きしめる、話しかける、なでる、アイコンタクトをとるといったことだ。

むろん、授乳のあとで背中をさすってゲップさせる、体を拭《ふ》く、異常がないかチェックする、といった日常的な世話については当然なされているが、そのうえにこういう愛情のこもった世話もなされるのだ。

一方、あまり可愛くないと判定された赤ちゃんの場合には、日常的な世話はむしろよくしてもらえるというのに、愛情表現のほうは希薄だった。母親はむしろ他人に注意を向けるほどだ。

なぜ可愛いと愛情を注がれ、可愛くないとあまり愛情を注がれないのか。それは、あまりにも露骨な差別のようだが、真相はこうだ。

たとえ順調に生まれた赤ちゃんであっても、**可愛さが乏しいと、あまり健康ではない**可能性があるからだ。

ラングロワらは、早産で生まれた赤ちゃんが、赤ちゃんらしい可愛さが乏しいことからこのような推測を下している。

つまり、赤ちゃんとして十分に可愛いと、その子は健康に恵まれている。その可愛さにつられて、愛情のこもった可愛がり方をすると、より確実に育てあげることができるのだ。

たとえば、抱きしめるとか、なでるというスキンシップだけでも、オキシトシン（愛情ホルモンなどと言われる）が母子の両方に分泌される。これはまずは両者の絆を強めるわけだが、同時に**免疫力をアップさせる**こともわかっている。

そしてアイコンタクトをとる、つまり見つめあうだけでも、オキシトシンは分泌される。

さらにスキンシップによって赤ちゃんに成長ホルモンが分泌され、同時に免疫力がアップする。一方の母親にはオキシトシンとプロラクチンが分泌され、母乳の出がよくなる。

このように、単なる**愛情表現として可愛がるだけでも、子を有利に生き延びさせる**ことができるわけである。

今の時代のように医療が発達しておらず、栄養の面でも十分でなかった時代には、このように赤ちゃんの可愛さの程度によって愛情に匙加減を加えることは、とても大事なことであったはずだ。生き延びる見込みの少ない子に多大な投資をすることは、非情なようだけれど、動物として避けなければならないのである。

今や赤ちゃんはほぼ確実に育つ。それでも過去に効果を発揮した遺伝的プログラムが残っているというのは、何とも悲劇的だ。

※『Infant attractiveness predicts maternal behaviors and attitudes』Judith H. Langlois, Jean M. Ritter, Rita J. Casey, Douglas B. Sawin

第6章 男と女の「死ぬまでセックス」問題

男と女 浮気と浮体はどちらが嫌いか

天下の名優、第18代中村勘三郎（2012年没）の夫人である、波野好江さんにはこんな名言がある。

「浮体はいいけど、浮気はだめ」

何しろ勘三郎さんはモテモテ。だから体の関係は仕方ない。でも、心まで完全に行ってしまうのは嫌だというわけである。

数年前、私がテレビの動物番組に出演したとき、ダンナが浮気ばかりしている、ある女性タレントに聞いてみたことがある。ちなみに彼女は、浮気しないような男には惹かれないとまで言っている。

「○○さんは浮気ばかりしているけど、あなたから心が離れてしまったら、どう？」

「あっ、それはもうだめ」

つまり女は、パートナーが浮気して体の関係ができるのはまだ許せるが、心が離れてしまったら、もう終わりだと思っているわけだ。

こういう件については1992年に、アメリカ、ミシガン大学のディヴィッド・M・バスらが研究している。

彼らは、この大学の男女学生、計202人に対し、次の質問を投げかけた。

・あなたのパートナーが（いない場合には過去の人とかを想像して）、誰か別の相手と情熱的なセックスをしている場面を想像してください。

・あなたのパートナーが、誰か別の相手と心の深いところでつながっている場面を想像してみてください。

どちらも嫌でしょうが、どちらがよりストレスを感じますか？

どうなったと思いますか？

結果は、男子学生の60％は体のつながりによりストレスを感じたのに対し、女子学生は心のつながりによりストレスを感じ、その割合たるや83％だった。

男は体を重視して嫌がり、女は心を重視して嫌がるわけだ。

この結果に対し、「ほうら、男って極めて即物的だけど、女は心を重視するロマンチストなんだから」

という感想もあるだろう。むろんそういう解釈もありと思うのだが、動物学ではそうは考えない。

そもそも男にとって、パートナーである女が浮気のセックスをし、もし子ができたとするとどうなるか？

「あなたの子よ」と言って育てさせられるかもしれない。これぞ一生の大損だ。

ところが女にとって、パートナーである男が浮気のセックスをし、子ができたとしても、浮気相手が自身のパートナーに、「あなたの子よ」と言って育てさせればよいだけの話。何ら損害はない。

しかし、もしパートナーの心が完全に他の女に移ってしまったら、どうか。自分の元へはもう帰ってこないかもしれない。

すると、自分に、そしてすでに子がいる場合には子にも、金銭や世話などの投資がなされなくなるだろう。それだけは困る。

そのようなわけで、女はパートナーの心が他の女に移ってしまうことを恐れるのである。

この研究で興味深いのは、男子学生をセックスの経験がある者とない者に分けた場合の回答だ。少し考えてみてほしい。たぶん予想できると思う。

そう、**経験ありでは、なしよりも、体の関係をひどく嫌がった**。経験があるために、パートナーが他の男と関係を持つとどうなるかが、より鮮明に予想できるのだろう。片や経験のない者にとってはいまいち、事の重大さが理解できないのである。

※『Sex differences in jealousy : evolution, physiology, and psychology』David M. Buss, Randy J. Larsen, Drew Westen, Jennifer Semmelroth

男の嫉妬深さは文化で違う？

男は、女が他の男と体の関係があることをより嫌い、女は、男が他の女と心の深いつながりがあることをより嫌う。

それは、男にとってパートナーが浮気をすると自分の子ではない子を押し付けられるという、一生の不覚と言ってもいいくらいの可能性があるから。

そして女にとってはパートナーが心が他の女に移ってしまうと、自分の元へは帰らず、自分や子に対する投資が回って来なくなるからだ。

アメリカ、ミシガン大学のディヴィッド・M・バスらは1992年にこの研究を発表したが、96年には、もう1度アメリカで、そしてドイツ、オランダでも現地の学者に協力してもらい、同様の調査をした。国や文化が違っても同じ傾向なのかどうかを確かめようとしたのである。

まず、男が、パートナーが他の男と体の関係を持つことをより嫌うことは共通していた。女がより嫌うのも、パートナーの心が他の女に移ることで共通していた。

これは、国や文化が違っても事の本質は変わらないという意味である。男は他の男の子どもを押し付けられることを恐れ、女は投資が自分や子に回らなくなることを恐れるのだ。

しかし興味深いことに、女が体の関係を嫌う割合についてはこの3例であまり違いがない（ということは、心のつながりを嫌う割合もあまり違わない）のに対し、男がどれくらい体の関係があることを嫌うかの「嫌い方」には、随分と違いがあった。

アメリカでは前回の研究とまったく同じで、体の関係をより嫌う男が60％だった。体の関係を嫌う女は17％で、このとき性による差は43％である。

ドイツでは男が体の関係を嫌う割合と、女が体の関係を嫌う割合の差は12％。あまり性差がない。

オランダになると、その差は20％であり、アメリカほどには差はないが、ドイツよりは差がある。

このように、主に男がパートナーの体の関係を嫌うとしても、嫌い方が違う。その原因についてバスらは、1つにはアメリカの文化が性について大変厳しいのに対し、ヨーロッパの文化は浮気も含めて性に比較的寛容であるからではないか、と言う。

アメリカではパートナーが浮気のセックスをするのではないかと男がピリピリしており、体の関係をより嫌がる。

しかし**ヨーロッパでは浮気を含め、性に寛容**であるため、アメリカほどには男がパートナーの**体の関係にピリピリしない**のではないか、ということなのである。

こうして、男はパートナーに騙《だま》され他人の子を育てさせられることをより恐れ、女はパートナーの心が他の女に行ってしまうことを恐れる（それは投資がなされなくなることを意味する）という本質には違いはないが、主に男のほうの恐れ方に、文化による違いがあることがわかったのである。

バスらはこれらの結果から、経済的に自立していて、**男の投資をあてにしていない女なら、男の心の移ろいをあまり気にしない**はずだと推定している。

そして、より性的に保守的な地域、たとえば中国、インドネシア、アイルランドなどで調査したなら、もっと性差が大きく出るだろうとも指摘しているのである。

そうすると日本はどういう位置づけと考えたらよいのだろう。性的に保守的なのかどうか。

1つだけ言えるのは、日本では家庭で財布のひもを握っているのは女である。よってダンナの心が他の女に移ったとしても、銀行口座をおさえている限りにおいて、ダンナの投資先は変えられないということだ。

※『Sex differences in jealousy in evolutionary and cultural perspective : tests from the Netherlands,

Germany, and the United States』 Bram P. Buunk, Alois Angleitner, Viktor Oubaid, and David M. Buss

マスターベーションには意味がある

マスターベーションは特に哺乳類で、驚くほど多く観察されている。しかも、その動物が発達させている部分を使っていることが多い。

ゾウのオスは鼻を使い、カンガルーのオスは前足を使う。水族館のイルカは水流を利用し、恍惚《こうこつ》の表情を浮かべる。

飼育されているチンパンジーのメスは、ホースの水をクリトリスにあてるし、オランウータンのメスは、木の皮や棒でペニスの張り型をつくることさえある。

ボノボでは大人のオスが若いオスのペニスをマッサージすることがある。

ヤマアラシのメスは棒にまたがって歩き、股間《こかん》を刺激する。

そしてバンドウイルカのオスは、ウナギをペニスにまとわりつかせて快感を得るのだという。

なぜマスターベーションをするのかという問いに、誰しも思いつくのは、性欲の解消だろう。その側面は確かにあるだろうが、どうやら第1の意味ではなさそうである。こんな観察がなされたからだ。

アメリカの霊長類学者、C・R・カーペンターはアカゲザルの群れを観察していた。アカゲザルはニホンザルに非常に近いサルで、ニホンザルと同様、複数のオスと複数のメス、そしてその子どもたちからなる数十頭くらいの集団で暮らしている。婚姻形態は乱婚的だが、それでも順位の高いオスがメスとよく交尾することができる。

カーペンターが観察したところによると、**順位が高く、よくメスと交尾できるオスのほうが、より頻繁にマスターベーションをする**のである。

もし性欲の解消のためであるなら、交尾のチャンスの少ない、順位の低いオスのほうがよくするはずだ。それなのに交尾のチャンスが多い、順位の高いオスのほうがよくする。

となれば、マスターベーションとは少なくともオスでは交尾を見据えた準備になっているのではないか、というのである。

カーペンターが考えたのはここまでだった。

さらに考えを推し進めたのは、イギリスのロビン・ベイカーとマーク・ベリスだ。彼らによれば、マスターベーションとは**古い精子を放出し、発射最前線を新しくて生きのいい精子に置き換える**ことである。

実際、彼らはマスターベーションをした数日後にセックスで放出された精液を回収し、調べた。すると精子は本当に生きがいいことがわかったのである。

ベイカーらのこの考えは、私の身近な人々によっても検証され、実際に役に立っている。ある年末、当時の担当編集者にこの話をしたところ、彼は会社の後輩でなかなか子ができずに困っている3人の男性に耳うちした。

「いいか、**奥さんと子づくりのセックスをする2日前にまず、マスターベーションをしろ**」

それから1年もたたない頃、私は担当編集者からこう報告された。

「3組の夫婦は生まれたばかりの赤ちゃんの世話に今、大わらわだ」と。

子ができない原因は、結婚しているのにマスターベーションなんて……と、変な自制をかけていたことにあったのだろう。その結果、毎回古くて生きのよくない精子ばかりを放出していたというわけだ。

結婚していようがいまいが、欲望に従って行動すればよいだけの話。欲望に従うことはこんなにも大切であり、決して自堕落な行為ではないのである。

ベイカーらは女のマスターベーションの意味も考えている。

その際、マスターベーションによって大量の粘液が放出されることに注目している。粘液が生殖器内に満たされると、精子に対してブロックを築くことになるわけだ。

つまりは、**その男の子を妊娠したくないときには、マスターベーションしてあらかじめブロックを築く**というのである。

もっともありえそうな状況は、女がダンナやパートナー以外の男と浮気する場合だろう。その際、浮気というリスクまで冒すわけだから、ダンナよりも質の悪い相手は選ばない。ツバメのメスの浮気のように、ダンナよりはっきり質のよい相手を選ぶのだ。

となれば妊娠したくない相手はダンナのほうなので、ダンナとのセックスの前にマスターベーションをしてブロックを築くということになる。

※『Human Sperm Competition』(R. Robin Baker and Mark A. Bellis, Chapman and Hall 1995)

妊娠しやすいときとは?

排卵日は確かに、排卵が起きる当日である。

卵巣から卵が放出され、卵管(輸卵管ともいう)に入る。卵管には受精ゾーンなる部分があり、そこでしか受精は起きないのだが、これが卵管のもっとも奥といえる部分にある。ということは卵が放出され、卵管に入るや、すぐに受精ゾーンに到達し、精子があらかじめ待ち構えていなければ受精は起きないことになる。

そうすると**排卵日のセックスは、受精を目的とするなら、やや遅すぎる**ということがわかるだろう。

精子は女性器を遡《さかのぼ》って泳ぎ、受精ゾーンにまで到達する。そのための時間が必要だ。射精された直後の精子は受精の能力を持たないが、こうして女性器を遡る際に次第に受精の能力を獲得していく。そのためにも時間が必要なのだ。

結局、もっとも妊娠の確率が高いのは排卵日の2日前、次に高いのは前日ということになる。排卵日も可能性はあるが、2日前や前日ほどには高くないのである。

しかしそんなにも前にセックスして、精子は持つのか、受精の能力を保ち続けるのかという心配もあるだろう。

大丈夫。精子が受精の能力を持ち続けるのは短く見積もっても3日、長くても1週間だ。これを逆算すると、**排卵日から遡る1週間から排卵日までが妊娠の可能性の高い時期**（排卵期）ということになる。

月経周期は個人差が大きく、同じ女でもいつもきっちりとした周期を持つわけではないが、排卵から月経までが2週間というのは、ほとんど個人差がない。

ということは月経の始まりから排卵までの期間の違いが、月経周期の個人差や同じ女でも毎回、微妙に周期が違うことの原因となる。

ここで排卵の原因について2つ、気をつけてほしい点がある。

それはまず、男はその存在自体によって（おそらく匂いによって）、女の排卵の時期を早めているらしいこと。

女子学生を、男と頻繁に会っているグループとそう頻繁には会わないか、まったく会っていないグループに分け、月経周期を調べたところ、前者のほうの周期が短いことから推察されたのだ。

もう1つは交尾排卵だ。この件については1965年11月に発生した、「ニューヨークの大停電」とその然るべき後に起きた出産ラッシュによってその可能性が検討されることとなった。

ニューヨークの大停電とは、1965年11月にニューヨークを中心とするアメリカ北東部からカナダにかけて起こった大停電で、2500万人もの人々が暗闇《くらやみ》の中で一夜を明かさなければならなかった。

そして然るべき日数が経ったとき、かの地で出産ラッシュとなり、それは停電の当日がたまたま排卵期に当たっており、子ができたという解釈では追いつかないほどの件数だった。

ということは、交尾が引き金となって排卵が起きた、つまり**交尾排卵が起きた**と考えられるのである。

交尾排卵の動物はネコ、イタチ、ラッコなどだが、いずれも交尾時にメスが大きな痛みを感じ、その痛みによって排卵が促されるのが特徴だ。

ネコのペニスには、挿入時には痛くないが、引き抜くときには痛みを感ずる向きにトゲが生えている。オスがペニスを引き抜くとき、メスは「ぎゃあ」と悲鳴をあげ、振り返って睨《にら》む。

ラッコのメスは交尾中にオスに鼻先を嚙《か》まれ、その傷は一生消えないほど深いものだが、そういう痛みを味わって初めて排卵する。

人間は交尾とは関係なく排卵が起きる自然排卵の動物のはずだが、大停電のような、日常とは違う大きな恐怖や、心のざわつきの中で交尾すると、つい排卵してしまうらしい。

同じような現象は2001年の9・11同時テロ、2005年のハリケーン・カトリーナの後にも起きている。

人間の交尾排卵は何も大災害時だけに起きるわけではなく、欧米では昔からクリスマスの時期に子ができやすいと言われている。楽しい、うきうき気分のときにも交尾排卵は起き、どうやら**非日常的な気分というものがポイント**のようなのである。

ともあれ、こうして見てくると、絶対に妊娠しない日というものは、月経の直前くらいのものである。普通、大丈夫とされている、排卵後であっても交尾が引き金となって排卵することもありえる。

子をつくろうとする際には「排卵日信仰」を捨てること、子を欲しないときには、どんな日にも用心することが大切なのである。

「あなたそっくりだわ」と女が連呼するわけ

女は自分が産んだ子は間違いなく自分の子である。片や男は百パーセントその確信を抱くことはできない。

そこで子が生まれた直後の〝両親〟が、はたしてどんな発言をするのか、実際に記録した人々がいる。

カナダ、マクマスター大学のマーティン・デイリーとマーゴ・ウィルソンだ。この2人は子の虐待の問題に初めて挑んだ研究者で、アメリカやカナダでは、ちょっと子が泣き叫んだくらいのことでも近所の人が通報するほど虐待について理解が進んでいるのは、彼らのおかげと言っていい。

デイリーとウィルソンは、アメリカの病院で生まれた赤ちゃん、68例について、産後5分から45分という、本当に生まれたばかりの様子をビデオカメラにおさめた。主に両親の会話をおよそ15分にわたり記録したのだ。

すると、全発言のうち「父に似ている」は17例、「母に似ている」は9例だった。

さもありなん。母に似ているのは当たり前、問題は父に似ているかどうかなのだから。

そしてその17例の「父に似ている」発言のうち、母の発言である「あなたに似ている」は16例。父の発言である「俺に似ている」はたった1例だった。

こんなにも差がある。しかも女はダンナがそばにいるときにこそ、「あなたに似ている」発言をする傾向があった。

女は子が生まれるや否や、子がダンナの子であるという洗脳教育を始めるのである。

もっとも中にはこんな修羅場に発展しそうな場面もあった。

「あなたそっくりだわ」と妻が言ったのに対し、

「いや、それははっきりしないな」とダンナ。

「ねえ、ビル(ダンナの名)に似ているでしょ」と妻が病院のスタッフに問いかけると、
ダンナはまごつき、

「それを言うな！」

生まれたばかりの赤ちゃんというのは、はっきり言って皆くしゃくしゃの顔であり、個

性に欠ける。
おそらくあまりにもはっきりと父に似ていないことがわかると、父親が子育てを放棄してしまうからだろう。

興味深いことに、赤ちゃんはその後、次第に個性を発揮しはじめるようになり、**生後9カ月頃にはもっとも父親に似る**。

デイリーらとは別の研究者の研究によると、いろいろな月齢、年齢の子どもの写真と、その父親を含む3人の男性の顔写真を見比べ、父親あてクイズを実施すると、生後9カ月の頃がもっともよく当たった。もっとも似ているからである。

この時期には、「本当にあなたの子ですよ」とアピールし、それまで以上に世話をやかせたり、金銭や物などの投資をさせることが重要になってくるからなのだろう。

とはいえこのとき、あまりに個性を発揮した結果、実の子でないことがばれるという危険性もある。しかし、出生直後にばれることと、ある程度育てさせた上での真相発覚とではどうだろう。かなり意味が違うはずだ。

前者では簡単にその子を捨てられるが、後者ではすでに愛着がわいているなど、捨てにくい状況にあるのではないだろうか。

赤ちゃんは、生まれたばかりのときには、特に〝父親〟の実の子ではない場合に備え、それがばれないよう個性に欠けている。しかし生後9カ月の頃には、今度は盛大に実の子アピールをし、父親からの物心両面での投資を引き続き、より多く引き出そうとしているらしいのである。

※『Whom are newborn babies said to resemble？』Martin Daly, Margo I. Wilson

幼女を犯し、熟女に食べられたがる変態グモ

セアカゴケグモと聞いて、「あっ、あの非常に問題視されている外来種のクモね、刺さ

れるとひどいことになるらしいし」と誰もが戦慄《せんりつ》を覚える。オーストラリア原産のこのクモは今や世界的に恐れられ、困った存在になっている。しかし、このクモは動物学の分野ではとても興味深い存在だ。

クモのメスはオスよりもはるかに大きく、交尾の際にオスを食べることはよくある。しかしこのクモは、わざわざ「後家」と名のつくくらい、すさまじく、体の大きさはメスがオスの40倍くらいなのである。

そのようなわけで、セアカゴケグモと、近縁のハイイロゴケグモでは、オスは驚くべき戦略を進化させた。それは**メスがまだ幼い頃を狙う**というものだ。

クモも大人になるまでに何回か脱皮を繰り返す。セアカとハイイロの両ゴケグモのオス

セアカゴケグモは幼女も熟女も大好き。

は、メスが最終の脱皮をする直前に狙いを定める。

この段階ではまだ**体が柔らかいうえに、大人のメスのように狂暴ではない**。オスの手に負えるのだ。

そこで精子を乗せた触肢でメスの体を突き破り、精子を送り込むのである。

そんな早い段階で送りこんでしまって、はたして精子は持つのかと心配になるが、大丈夫なのだ。精子は最後の脱皮まで生きている。

これらのクモの研究で名高い、カナダ、トロント大学スカボロ校のメイディアン・アンドレード(ジャマイカ出身の女性生態学者)らが野外で捕まえたセアカゴケグモのメスを調べたところ、最後の脱皮の直前の個体の3分の1は、すでに精子を送り込まれ済みだった。

オスはそれだけで満足するわけではない。今度は**大人になったメスを狙う**。もちろん食われることを覚悟の上だし、**食われたら食われたで、意義がある**。

交尾中に食われると、まず交尾時間が長引く。よって多くの卵を受精させられる。しかもその間はメスの生殖孔をふさぎ、ライバルのオスが付け入る余地をなくすことができるのだ。

そしてもう1つには、自分が食われることで、メスと、受精したばかりの我が子にも栄養を与えることができるのである。

ゴケグモのオスは、幼女をたぶらかす上に熟女には食われたがるという、一種の変態らしい。

※『Copulation with immature females increases male fitness in cannibalisticwidow spiders』M. Daniela Biaggio, Iara Sandomirsky, Yael Lubin, Ally R. Harari, Maydianne C. B. Andrade

幼女に惹かれる男とは

一般に10歳以下の子どもに性的に惹かれるという性質は、小児性愛、またはペドフィリ

ア と呼ばれる。

思春期以前の子どもに性的に惹かれるというわけだ。

キンゼイ報告（１９７５年。キンゼイ亡き後の研究所の報告）によれば、男の25％もがこの性質を持つとされる。女の場合にはあまり報告がない。

小児性愛は多くの場合、大人が子どもをたぶらかせるということ、その際に薬物を使うこともあること。中には生後３カ月の赤ちゃんを犯した例もあり、犯罪とみなされ、その性愛は異常であるとされる。

しかし、キンゼイ報告の25％という値などを見ると、決して異常として切って捨てるべき問題ではないことがわかる。何かしら意味があるはずである。

こういう観点からの研究はないと言ってもいい。唯一、意味を見出しているのは、イギリスのロビン・ベイカーだ。

彼が注目するのは、まだ思春期にさえ到達しておらず、月経が始まっているかどうかも定かではない、９歳くらいの女の子が、稀《まれ》に妊娠してしまうという事実だ。

つまり、そういう子を対象とした繁殖戦略ではないかというのである。

小児性愛者には同時に大人の女にも惹かれるという者も少なくない。となれば、それこそがセアカゴケグモのように、幼女と熟女の両方を対象とした**二段構えの繁殖戦略**と言えるのではないだろうか。

ひたすら男の魅力が問われるモソ人の社会

中国の四川省と雲南省の境、標高2700メートルの高地には濾沽湖《ローグーフ》という透明な水をたたえる湖がある。

この湖のほとりに住んでいるのが、モソ人だ。モソ族ではなく、モソ人なのは、中国の55の少数民族のうちのどれに属するのか、または別の少数民族なのかがはっきりしないからである。

彼らの社会は母系制なのだが、普通の母系制のように、お婿さんを迎えるのではない。

男が女の元へ通う、走婚《ゾォウフン》という婚姻形態だ。日本の平安時代まで残っていた妻問い婚に似ている。

男と女は農作業の合間とか祭、宗教的儀式の際などに出会うが、男から女へと何か贈り物を差し出す。女が受け取ったら、今夜うちへいらっしゃいのサインだ。

女が待つのは、花楼《ファロウ》と呼ばれる、母屋とは別棟の2階建て。男は2階の部屋までよじ登って窓から侵入するのだが、間違った相手を招きいれてしまわないよう、あらかじめ合図を決めている。鳥の鳴きまねとかイヌの鳴きまねとかだ（現在では携帯電話で連絡しあう）。

そうして男は、どんなに疲れていても明るくなる前に帰らな

モソ人の社会では女性が主導権を握る。

くてはいけない。女との間に子が生まれてようやく母屋への出入りを許され、数日間なら泊まることができるが、住み着くことはご法度《はっと》だ。

では子は女が1人で育てるのかというと、そうではなく、女の一族で育て、特に女の兄か弟が父親の役目を果たす。

実は彼も走婚をしていて、別の家に自分の子がいるかもしれないが、そちらにはまったく力を貸さない。ひたすら甥や姪の父親として振る舞うのだ。

これはとても合理的なシステムともいえる。男にとって妻が産んだ子が本当に自分の子かどうかは、永遠の課題である。しかし自分の姉または妹の産んだ子というのは、確実に血がつながっている。

姉または妹は、ときに父親違いのこともあるが、少なくとも同じ母親から生まれてきている。その彼女らが産んだ子なら間違いなく血縁者だ。

走婚では別れるのも簡単で、男からは女の元へ通わなくなればよいし、「もう来ない」と告げ、女の元にあったわずかな荷物を引き上げるだけ。

女からは、「もう来ないで」と男に告げるか、男の荷物を戸の外に放り出す、あるいは戸を閉めるなど男を入らせないという意思表示をすればよい。

このようにして女の走婚の相手は生涯に平均7~8人にのぼるとのこと。

そしてこのような婚姻の社会では、男に財力や地位が求められることがないのが大きなポイントとなる。

女が男に求めるのは、人柄のよさ、ルックス、健康状態、才能など。
男が女に求めるのも、ルックス、若さ、健康状態、人柄のよさなど。

こんなふうに相手選びをしていると、男も女も美男美女でスタイルがよく、スポーツや音楽の才能に恵まれるよう進化するはずだが、実際、モソ人はカッコよい。中国の芸能、スポーツの世界に多大な人材を送り込んでいるとのこと。

また、モソ人の女には長期の恋人と短期の恋人がいて(後者は走婚の相手としてカウントされない)、同時進行、それも3人以上の同時進行もありだ。そうすると、生まれた子の父親がわからない場合もままあるが、これまた問題なしなのだ。育てるのは女とその一族なのだから。

随分昔に、モソ人のある女性のドキュメンタリーを見たことがある。彼女は上海で行われた歌謡コンテストで優勝し、中国の芸能界で活躍した後、アメリカ西海岸へ移住。ブテイック経営をしているが、同時に何人かの彼氏とつきあっているというものだった。日本のバブル期に流行《はや》った、メッシー君、アッシー君を地で行っているのだ。

モソ人のこの社会を見て、いいなあ、自分もモソの男になりたい、と思った男性は、あまりにも考えが甘いと言わなければならない。そもそもどんな社会でも女が男を選ぶ、が大原則だが、モソ人の社会では特に女が主導的立場となる。しかも同時に複数の恋人がいたりする。だから**男のモテる、モテないの格差が、とても大きい**のだ。一生にわたり走婚できない男だって珍しくはない。

モソ人の社会では真面目に働くことも、子の世話をよくするイクメンであることも、まったく評価の対象とはならない。地位や財力も同様だ。ひたすら**男として魅力があるかどうか**、である。

※『本当は怖い動物の子育て』(拙著　新潮新書)、『中国少数民族の婚姻と家族』(厳汝嫻)、『結婚のない国を歩く――中国西南のモソ人の母系社会』(金龍哲著、大学教育出版)

第7章

私の「新型コロナ」考

奇妙な風邪をひいた

今年のお正月頃の話。私はこれまでの人生でまったく経験したことのない、奇妙な風邪をひいた。風邪なんて数え切れないほどひいているのに、こんな変な症状のものは初めてなのだ。

とにかく喉の痛みがなく、くしゃみも鼻水も出ない。ただ熱はある。私の平熱はときに35度台を示すほど低体温なのだが、37度台にも達し、とにかく体がだるい。

同じ頃、私のパートナーはもっとひどい風邪をひいた。

まず体温が37度台を示したので、あれっ、と思ったが、翌日は36度台に下がったので、ほっと胸をなでおろした。ところがその翌日に38度台に上がったので、さてどうしたものか、と迷ったところ、そのまた翌日には39度台にまで上昇した。

これは大変。インフルエンザか肺炎かのどちらかだ。土曜日の午後であったため、休日診療の病院へと向かった。

病院はさすがに混んでおり、もっと緊急を要する人々が次々と運ばれてくる。我々は延々と待たされ、ようやく順番が回ってきた。

彼はまず鼻に綿棒のようなものを挿入され、インフルエンザの検査を受けた。

次に肺炎かどうかだが、胸部のX線写真の撮影と何らかの炎症が起きていないかの検査を受けた。

結局わかったのは、インフルエンザではないこと。肺に炎症は起きておらず、他の箇所に何らかの炎症が起きている形跡もない、ということだった。

原因は不明だ。病院で体温を測ったとき、40度もの発熱があったが、医者は対症療法として2~3日分の解熱剤を処方し、帰宅となった。

帰りのタクシーを降りたとき、彼はよろけてひっくり返ってしまった。タクシーと歩道の間に挟まれる形だ。

私一人で大の大人を持ち上げることはできず、タクシーの運転手さんが助けてくれた。

そんな状態であっても解熱剤の効果は抜群で、処方された解熱剤を飲み終えると、彼はすっかり元気を取り戻した。

しかし私は、自身が発熱した状態で病院の廊下で待たされた5時間もの間に疲労困憊《こんぱい》してしまった。おそらく免疫力がひどく低下したのだろう、何と翌日には主に左わき腹の広い範囲に赤い発疹《はっしん》が現れた。風邪で発疹が現れるなど、一度もなかったことだ。ネットで調べると、ウイルス感染のあとでこのようなことがあるとわかったが、念のため皮膚科を受診した。

医師は左わき腹だけでなく、右わき腹にも発疹があることを確認し（片側だけなら、帯状疱疹《ほうしん》の可能性があるからだろう）、「最近、ウイルスに感染しませんでしたか？」と聞いてきた。

「はい、風邪をひきました」

「それならウイルス感染後の発疹ですね。ほっておいても治るけど、炎症を抑える塗り薬を出しましょうか」

ということで塗り薬をもらって帰った。

私は1月いっぱいまで、寝ても寝ても寝たりないという疲労感が続き、やはりこの風邪は特殊なのだと思った。

そんな1月末に武漢など、中国の都市が封鎖されるという事態に陥り、人々が新型コロナウイルスに翻弄《ほんろう》される日々が始まった。

2月に入り、自分の体調がまあまあになった時点で私はツイッターでこうつぶやいてみた。

「1月に変な風邪ひいた」

すると、当時フォロワーが6000人程度だったのにも拘わらず、びっくりするほど多くの人からの返信があった。「私も変な風邪ひいた」というのだ。たいていは具体的にどう変な症状であったかの解説つきだ。

その中で一番早く「変な風邪ひいた」という報告例は「ラグビーワールドカップで日本中が熱狂していた頃」というものだった。この大会は9月末から始まり、11月初旬まで続き、日本代表チームが快進撃を続けていたのは10月頃。だからその方が「変な風邪ひいた」のはその頃なのだろう。

これらの報告に私は直感的にこう考えた。

私や多くの人々のひいた変な風邪と今回の新型コロナとは何か関係があるのではないか。

そしてこれまた直感的にこう思った。

昨年の秋以降に変な風邪をひいていたら、この新型コロナをそう恐れる必要はないかもしれない……。

この予想はその後、京都大学大学院特定教授の上久保靖彦先生などが提出した、日本ではすでに昨秋から新型コロナウイルスが上陸しており、多くの人々が感染し、集団免疫がほとんどできているという説と符合するのである。この件については後で詳しく説明する。

不安に駆られると子ができる

2月に入ると、新型コロナで世間がざわつき、人々が会社に出勤せず、テレワークで仕事をする、店も営業時間を短縮するなど、普段とは随分違う生活が始まった。私がすぐに気がついたのは、子どもができやすい環境になっているから警告しなければ、ということだった。

すでに述べたように大災害など、人々が大きな、捉えようのない不安に駆られると、びっくりするほどよく子ができることが古くから知られている。

1965年11月9日の夜、ニューヨークを中心としたアメリカからカナダにかけての地域で大停電となった。急に寒くなってきたので電力の使用量が増したのと、カナダ、オンタリオ州にある、ナイアガラ地域にある発電所の不具合が重なったことが原因とされている。

この停電により、2500万人もの人々が暗闇の中、不安な一夜を過ごすこととなった。それから然るべき日数がたったとき、ニューヨークの産院などでは、とても対応できないくらいの出産ラッシュとなったのだ。

それは、女が停電の当日に排卵期にあったというだけではとうてい説明のつかない数だった。

文系の世界ではこの「ニューヨークの大停電」と出産ラッシュの話は都市伝説である、あるいは停電とは無関係でただの偶然だとされている。しかし理系の世界、特に動物学の世界では、「交尾排卵」が起きたからであると説明される。

交尾排卵とは、交尾の刺激によって排卵が起きる現象だ。ネコ、イタチの仲間、クマなどで知られる。

たとえばネコのオスのペニスにはトゲがあるが、それは挿入時には何ともないが、引き抜くときにメスが激しい痛みを感ずるような向きに生えている。傘をすぼめて挿入し、引き抜くようなものだ。

メスは「ギャー」と鳴いて振り返り、オスを睨《にら》みつけるが、この痛みによって排卵が起こるのである。

人間は基本的に自然排卵の動物である。月経周期のうちに数日間、排卵期があり、その頃に交尾すると子ができやすい。避妊に気をつけるのも排卵期である。

しかしそれでも交尾排卵の名残があり、大きな恐怖を感ずるなど、心が大きく揺り動かされたときには排卵期ではなくても排卵してしまう。ネコのメスが激しい痛みによって排卵するように、人間の女も心の大きな揺れによって排卵してしまうと考えられている。

このような現象は2001年の9・11テロ、2005年8月のハリケーン、カトリーナなどの後にも起きている。

そんなわけで今回の状況はまさしく交尾排卵が起きる状況であると思い、ツイッターやネットの動画番組など、事あるごとに「安全と思われる日であっても避妊してほしい」と警告した。

実際、私の若い友人（バツイチ、独身）によると、テレワークでダンナと自宅にいる時間が多くなったせいでケンカが増えたという愚痴を何人もの友だちから聞かされていた。ところが今度は妊娠の報告が相次いで、何だ、愚痴を聞いてやったのにバカみたい、と思ったそうだ。これが3月末頃の話だった。

一方、産婦人科の現場にいる人のツイートによれば、中絶が増えてキャパシティを越えている、ということだった。これが確か、4月か5月頃の話。

ただしこのツイートは後に削除されたので真偽のほどはわからない。しかし望まない妊娠が激増することも予想通りで、実際にそういう事態に陥ったようだ。

モテるのはやっぱり免疫力の高い男

今回のコロナ騒動によって、亡くなられた方にはお悔やみを申しあげたい。治ったものの今なお後遺症に苦しむ方には、早くよくなっていただきたいと思う。

しかしこの疫病を通し、多くの人々が「最後は免疫力だ」と身をもって感ずることができたのは、とてもよいことだったと思う。

これまで私はこんなことを力説してきた。

生物の二大テーマは「生存」と「繁殖」である。

生存のためにはとにかく病原体に打ち勝つ能力が大事で、これぞまさしく免疫力だ。

そして繁殖の際の相手選び——その際、メスがオスを選ぶ、が原則になる——の際にも免疫力が問題になる。

メスは免疫力の高いオスを選びたいが、免疫力自体を知ることは叶《かな》わない。そこで、その手掛かりとなるものから相手を選ぶ。魅力と呼ばれるものだ。

鳥ではより美しい羽根を持つオス、歌がうまいとか、持ち歌の多いオス、あるいはダンスのうまいオスが好まれ、選ばれる。

たとえばツバメでは尾羽（両末端にあってひときわ長くて太い、針金のような部分）の長いオスが好まれる。

ツバメの婚姻形態は一夫一妻だが、尾羽の長いオスは早々に相手が見つかるし、メスは亭主より尾羽の長いオスとしか浮気の交尾をしない。

どうして尾羽の長さがそんなにも魅力になるのか？

実は、尾羽の長さという魅力が免疫力の手掛かりになる件については、次なる研究によって決定的となったのだ。

デンマーク出身で鳥の大御所学者である、A・P・メラーは、卵を産みつつある巣に、50匹ものダニを放り込んでみた。そんなことは自然界ではまずありえないが、あえて荒っぽいことを実行してみたのだ。

そしてヒナがふ化して7日目に、1羽あたりにとりついているダニの数と、その父親の尾羽の長さを比較すると次のような結果となった。

父の尾羽の長さ（センチ）　ヒナ1羽あたりのダニの数（匹）

10センチ以下　30～100

11センチ　5～50

12センチ以上　せいぜい5

父親の尾羽が長いと子にとりつくダニの数が少なく、短いと多い。

尾羽の長さとは、ダニに対する抵抗力を物語っており、メスが尾羽の長いオスを好むのは、その免疫力の高さを引き継いだ子を得たいからなのだ。

こうして魅力とは、免疫力の高さを知るための手掛かりであることが判明した。

人間では男の魅力は多岐にわたっている。その中で、免疫力との相関がわかっているのは、声の良さ、ルックスの良さ、筋肉質の体、ＩＱの高さなどである。いずれも納得の要素だろう。

そして調べるのが難しいのでなされていないだけで、何とか工夫して調べたらきっと免疫力との相関が現れるだろうと私が思うのは、スポーツの能力と音楽の才能だ。

要は、女の子がキャーキャー言う男。それこそが免疫力の高い男なのだ。

実は、これまでこのようなことを力説しても、ポカーンとした顔をされることが多かった。

「なぜそんなにも免疫力が大事なの？　もっと他に重要なことがありそうなものを」

しかしようやく人々は悟った。人間、最後は免疫力による勝負になるのだ、と。

考えてもみれば、人間も他の動物も、その歴史はほとんどパラサイトとの戦いの歴史であったと言える。パラサイトとは、バクテリア、ウイルス、寄生虫など、他者に寄生しないと生きていけない存在で、寄生者とも言う。一般的には病原体と言われるものだ。

人間がパラサイトをそう恐れなくなってもよくなったのはこの数十年くらい。しかし、アフリカの赤道付近では、エボラ出血熱の原因となる、エボラウイルスのように新しいパラサイトが次から次へと登場する。人間もまだパラサイトの脅威から完全に解き放たれているわけではないのだ。

パラサイトについて考えるとき、重要なのは、それらは宿主となる動物を殺すのが目的ではないということだ。

パラサイトは自身で増殖することができず、宿主の体を借りて増殖する。初めは宿主を死に至らしめるほど強力なこともあるが、それでは大切な宿主をどんどん失っていき、自分で自分の首を締めることになる。

すると、それほどは強力ではないが、何とか宿主を殺さず、生かさず程度の力を持つよう変異したパラサイトが優勢になる。さらにもっとマイルドなほうへ変異したパラサイトが現れると、それらがもっと優勢になる。

このようなことを繰り返すのがパラサイトだ。

かつて1991年頃に、エイズウイルスが猛威をふるっていたとき、担当編集者からこんなことを聞かれた。

「こういうことは人類始まって以来のことか、どうなのか。これからエイズウイルスはどうなっていくのか」

そのとき答えたのは、おおむねこういうことだ。

「こういうことは人類の歴史において数限りなくあった。初めてではない。そしてこのウイルスはあっと言う間に弱体化し、潜伏期も長くなるはずだ」

実際、エイズウイルスは潜伏期をどんどん伸ばしていき、治療薬も数多く開発され、エイズは、初期に発見されれば、ほとんど恐れるに足らない感染症となった。
新型コロナウイルスについても同じことが言えるのではないかと思う。

京都は穏やかさを取り戻したが…

今回の騒ぎで、個人的にちょっとだけ嬉《うれ》しい出来事もあった。私は京都の有名観光地のそばに住んでいるが、この10年以上の間、中国からの観光客のマナーの悪さ、大声で話し、「金、持ってるぞ」的な横柄な態度にうんざりしていた。それが何と一掃され、昔の穏やかな京都が戻ってきたのである。

昼間に外出すると、日本語よりも某国語を聞くことのほうが多かった。それが日本語しか聞こえない。これがどれほど精神の安定につながったことか。

言語というものは重要で、中国語しか聞こえないとすると、自分は中国に来ており、日本にはいない、日本人は自分一人だと脳が錯覚を起こし、不安感に襲われるのである。

しかし4月に入り、緊急事態宣言がまず東京とその周辺の県で出され、京都も数日遅れで宣言されると、晴れ晴れとした解放感が一転。異様な雰囲気を感ずるようになった。

飲食店はほとんどが休業。デパートも地下食料品売り場が時間を短縮して営業するのみ。衣料品の店などは、いざ夏物を売ろうという時期に休業を余儀なくされた。ゲームセンターやカラオケ店も休業。書店は時間を短縮して営業していた。

私は時々気晴らしとして京都随一の繁華街である、四条河原町方面に出かける。町の賑《にぎ》わいを眺め、書店に立ち寄り、カフェでくつろぎ、ときには何かを購入する。それは、この上ない楽しみなのだが、それがままならない状況は大きなストレスであり、もしかして戦時下というのはこういう状況を言うのではないか、と思うほどだった。

この間に出かけたのはスーパー、ドラッグストア、定期的に通院している病院、どうしても行く必要があった書店と美容室だけだった。

余談になるが、私は外出すれば必ず、「京都一予約がとれない店」とされる、山の幸を活かした料理店の前を通ることになる。その店は多くの飲食店が休業を余儀なくされる中、通常通りの営業を続けていた。

おそらくすべてが予約客なので、もし感染者が現れたとしても、感染ルートを辿《たど》ることが可能だからなのだろう。しかし多くの店が休業という選択を迫られる状況下においては、違和感を抱いてしまった。

緊急事態宣言が解かれ、飲食店やデパートの地上部分が営業を再開しても、まだ元の賑わいにはとうてい及ばなかった。

カフェやレストランはソーシャル・ディスタンスをとるために席は1席を開けて飛び飛び。これで利益が出るとは思えない。そもそもその距離は感染の防止に役立つと言えるのだろうか。

デパートの化粧品売り場では、感染防止のために、口紅やファンデーションなどのテスターに透明の覆いがかぶさっている。試し塗りが許されないとなると、せっかくの買う気が失せてしまうだろう。

実は私は今年こそ、あくまで日本製に拘《こだわ》り、そのために少々値段が張る、ある大好きなブランドのタンクトップを1~2枚買いたいと思っていた。かつてはTシャツで過ごせた京都の夏だが、1990年代以降の酷暑においてはTシャツではとうてい乗り切れないのだ。

そして例年なら5月くらいに売られ始める夏物が、店舗の休業のために手に入らなかった。ようやく再開となったものの、化粧品と同じ理由で試着が許されない。

店員さんの「Mで大丈夫だと思うんですけどねえ」という言葉を信じて購入。自宅で着てみたところ、ちょっときつい。というか、京都の地獄の夏を乗り切るためにはもう少しゆるゆるでなければならないのだ。

結局、後日Lサイズを買い直すはめになってしまった。

ウイルスは宿主の体を借りるだけ

京都大学大学院特定教授の上久保靖彦先生と文芸評論家の小川榮太郎さんの対談「新型コロナ第二波は来ない」が、月刊誌「ＷｉＬＬ」９月号に掲載され、私が読んだのは７月末だった（以下は同誌の10月号における上久保、小川両氏の対談で得た知識も加えて述べる）。

それによると、新型コロナウイルスはすでに昨年の秋の段階で武漢から台湾、東南アジア、日本へと広がっており、それはＳ型とＫ型という比較的症状が軽く、重症化もしにくいウイルスであるという。Ｓ型が祖先型で、もっとも弱毒。Ｋ型は祖先型の変異型で、祖先型よりもやや毒性は強いが、それでも普通の風邪程度の症状で済む。

そしてこれらの型のウイルスに感染した人で症状が現れた場合（つまりＫ型の場合）に

は、変な風邪をひいたように感じたはずだというのである。

これで合点がいった。私やパートナーやツイッターで返信してきた人の「変な風邪」とはこれだったのだ。

しかもK型に感染することで、武漢で昨年12月頃に現れ、深刻な被害をもたらすことになる、G型に対する免疫ができた。つまり、日本や台湾などでひどいことにならなかったのは、あらかじめかなりの程度で集団免疫ができていたからではないか、というのである。免疫が獲得されるというのは、具体的にはリンパ球の一種である、T細胞が活性化されるという意味だ。

これもまた直感があたった。昨年の秋以降に変な風邪をひいていれば、今年の1月、2月以降に新型コロナにかからないのではないかという直感だ（といっても変な風邪自体が新型コロナウイルスによるものなのだが）。

上久保氏らによると、日本が何と3月8日までずるずると中国からの入国を許可し続けたのは、一見政府の無策のようではあるが、実は幸運なことであったという。この間に入り続けたK型によって人々のT細胞が活性化され、免疫が獲得されたからだ。

そしてヨーロッパやアメリカでは極めて悲惨な状況が展開された。この件についてはこう説明されている。

欧米では早くも2月に中国からの渡航を全面的に禁止した。それによって主にK型が入って来ない状態、つまりT細胞による集団免疫ができていない状態になった。そこへいきなりG型が入ってきた。もしくは同じく集団免疫ができていない状態で、欧米でさらに強力に変容した、欧米G型が現れ、猛威をふるったからである、というのである。

また、「W i L L 10月号」の東京外国語大学教授の篠田英朗氏と経済評論家の上念司氏との対談、そして日本再興プランナーの朝香豊氏の記事では、新型コロナウイルスが弱毒化している可能性が論じられている。このウイルスによる死亡率が世界的に低下してきているからだ。

たとえば世界でもっとも死者数が多かったのが4月17日で、1万2000人強。

これが8月2日になると、6000人弱。

つまり死者数は半減。

一方、陽性者数は4月17日が8万人であるのに対し、8月2日は26万人。

陽性者数が3倍以上になったのに、死者数は半減ということで、陽性者の死亡率は約6分の1となる。

それだけこのウイルスは弱毒化しているわけだ。とはいえ、4月頃と8月頃ではPCR検査の対象者が大分違う。

4月頃には本当にウイルス感染の可能性の高い人々が対象であったのに対し、8月頃には検査対象を大きく広げ、無症状の人でも検査し、陽性者としてカウントされる。だからこの6分の1という値はそのまま信ずるわけにはいかない。

そこで、猛威をふるったイタリアからの報告を調べると、患者の体内から採取されるウイルス量が以前より激減しており、体内でのウイルスの増殖能力が大きく衰えたことがわかった。

また、かつては亡くなる確率が高かった、80代、90代の患者が重症化するケースが少なくなったとのことで、これもまたウイルスが弱毒化していることを意味するだろう。

こういう弱毒化も、ウイルスが宿主を殺すことを目的とするのではなく、宿主の体を借りるだけであるという本質から導かれる結論だ。この件について私はすでに予測していたが、どうやら実際にそうなってきている模様だ。

負けるわけにはいかない

昨年秋にすでにウイルスが〝漏れ出て〟いたであろうことは、２０１９年9月に武漢の国際空港で「コロナウイルスの感染が１例検出された」という想定の元、緊急訓練が行われたことからもわかる。

「コロナウイルス」とまで名指ししているからだ。

〝漏れ出る〟と私が表現したのは、このウイルスが生物兵器としてつくられた可能性が極めて高く、しかもその研究所から何らかの形で漏れ出た可能性も高いことがさまざまな情報から推察されるからである。

また、２０１９年10月には、公衆衛生部門で世界一の水準を誇る、アメリカ、ジョンズ・ホプキンス大学の健康安全保障センターの研究者が、「架空のコロナウイルス〝ＣＡＰＳ〟がパンデミック（世界的大流行）規模に達する場合のシミュレーション」を行い、その調査報告を提出している。

それによると、「18カ月以内に世界で６５００万人が感染によって死亡する可能性」があるという。

またしても「コロナウイルス」と名指しだ。中国とアメリカはすでに情報を摑んでいたのである。

インド工科大学の研究者たちが1月30日に「バイオアーカイヴ」という科学雑誌に発表した論文はわずか2日後に削除されてしまった。

その内容は、新型コロナウイルスは、ＳＡＲＳウイルスの塩基配列（塩基配列は、いわば遺伝子の配列）に、エイズウイルス由来の４つの塩基配列が挿入されていて、人間に感染しやすくなっている。そのようなことは自然界ではまず起こりえないというものだった。

つまり人工的につくられた、生物兵器であることを示唆しているのだ。

論文が素早く削除されたのは、それこそが真実であり、中国が隠蔽《いんぺい》したかったからこそではあるまいか。

また、今年になって発表されたのだが、アメリカ、ハーバード大学の研究チームが、２０１８年10月と２０１９年10月の商業衛星画像を比較して分析したところ、２０１９年には武漢の５つの病院付近の交通量が大幅にアップ。ある病院の駐車場の駐車率も67％アップしていた。

検索エンジン百度《バイドゥ》で「咳」「下痢」という新型コロナに関わりの深い言葉の検索数も激増していることがわかった。

やはり昨年の秋頃から、このウイルスは漏れ出ていたのである。

この7、8月では連日のように、東京で新たな感染者が何人出た、これは過去最多である、今日もまた何人出た、というニュースが駆け巡っている。

その際、ＰＣＲ検査を受けた人の数はなぜか報道されない。夜の街関係の人々など、感染のリスクの高い人々をターゲットに大規模な検査を実施し、実は結果として陽性者（これを報道では感染者と呼んでいる）の数が増えただけなのだ。検査数に対する陽性者の比は、本当に緊急事態であり、37・5度以上の熱が続き、極めて疑いの深い人のみが検査を受けていた、4月頃とは比べものにならないくらい低下しているのだ。

重症者や死亡者が激減してきていることもまた、報道されない。

その結果、東京があたかも過去最悪の事態に陥っているかのように考える人が増えている。

東京住まいの人が用があって地方の実家に戻ったところ、窓ガラスに石を投げられたという信じられない話を聞いた。これなどはひたすら国民を煽《あお》り、視聴率を稼ぎたいテレビなどのマスメディアがもたらした悲喜劇なのである。

この疫病が、実質的な第三次世界大戦の様相を呈していることは間違いない。

疫病の初期の対応を怠った上に、隠蔽することで世界的な流行を招いてしまった中国と、その友好国（主にチャイナマネーに支配される、アフリカなどの発展途上国）VS.中国初の疫病によって多くの国民が健康を損ない、死者が出るだけでなく、経済の悪化も強いられた国々だ。

日本が後者に属することは言うまでもない。

この疫病以前に中国は世界支配を目論み、着々とその計画を進めていた。

WHOのテドロス事務局長が中国の操り人形であり、「人から人へは感染しない」と言うかと思えば、「中国は感染防止をよくやっている」というふざけた発言をし、私ははらわたが煮えくりかえる思いだった。

中国はWHO以外の国際機関にも、各国の大学や研究機関、司法、行政など、いたるところに「静かなる侵略」（サイレント・インベージョン）を果たしている。

スパイ防止法のない我が国など、中国の侵略し放題である。

今回のコロナ騒動は、今、世界で何が進行しているのかを、ものの見事にあぶりだしてくれた。この千載一遇《せんざいいちぐう》の戦いに、我々日本人は決して負けるわけにはいかないのである。

※『疫病2020』（門田隆将著、産経新聞出版）、『習近平が隠蔽したコロナの正体　それは生物兵器だった⁉』（河添恵子著、WAC）、『新型コロナ、香港、台湾、世界は習近平を許さない』（福島香織著、ワニブックス）、「WiLL」（2020　9月号）、「WiLL」（2020　10月号）

著者略歴
竹内久美子（たけうち・くみこ）
エッセイスト・動物行動学研究家。
1956年愛知県生まれ。京都大学理学部を卒業し、同大学院で日高敏隆教授に動物行動学を学ぶ。博士課程進学後、著述業に。産経新聞『正論』欄執筆者。『そんなバカな！　－遺伝子と神について―』『パラサイト日本人論　－ウイルスがつくった日本のこころ』（文藝春秋）、『悪のいきもの図鑑』（平凡社）など著書多数。メールマガジン『動物にタブーはない！ 動物行動学から語る男と女』を配信中。Twitter：@takeuchikumiffy

カバー＆本文イラスト／伊藤ハムスター
本文イラスト／森海里
本文写真／シャッターストック

動物が教えてくれるLOVE戦略

2020年11月1日　第1刷発行

著　者　竹内 久美子
発行者　唐津 隆
発行所　株式会社ビジネス社
〒162-0805　東京都新宿区矢来町114番地 神楽坂高橋ビル5階
電話　03(5227)1602　FAX　03(5227)1603
http://www.business-sha.co.jp

印刷・製本　大日本印刷株式会社
〈カバーデザイン〉大谷昌稔
〈本文組版〉茂呂田剛（エムアンドケイ）
〈営業担当〉山口健志
〈編集担当〉宇都宮尚志

ISBN978-4-8284-2223-7